JN216548

最新 Blockchain

ブロックチェーンがよ～くわかる本

ビットコインから学ぶ、ブロックチェーン！

株式会社ストーンシステム
石黒 尚久　河除 光瑠 著

秀和システム

●注意

(1) 本書は著者が独自に調査した結果を出版したものです。
(2) 本書は内容について万全を期して作成いたしましたが、万一、ご不審な点や誤り、記載漏れなどお気付きの点がありましたら、出版元まで書面にてご連絡ください。
(3) 本書の内容に関して運用した結果の影響については、上記(2)項にかかわらず責任を負いかねます。あらかじめご了承ください。
(4) 本書の全部または一部について、出版元から文書による承諾を得ずに複製することは禁じられています。
(5) 本書に記載されているホームページのアドレスなどは、予告なく変更されることがあります。
(6) 商標
本書に記載されている会社名、商品名などは一般に各社の商標または登録商標です。

はじめに

ビットコインやブロックチェーンという言葉は、もう日本では広まっている言葉だと言えるのだと思います。それに関連したニュースは既に数多く流れていますし、関連書籍も何冊も出ていると思います。けれどもその実体がよくわかっていると言える人はどの程度いるのかと言えば、決して多くはない、というのが実情なのではないでしょうか。

もちろん、自分に関係ない事柄に関して詳しく知ろうと思う人は滅多にいません。なので関係なければ無視します。しかし仮想通貨であれ何であれ、お金に関わる話であれば何かしら自分も関わるのではないかと思っている人は多くいるのではないかと思います。しかも、何だかそれがとても時代を先取りして革新的なものだ、というような語られ方をするのを見ると、それはもう無視できないジャンルだと位置付けて、それなりに情報収集した方もおられるのではないと思います。そしてその情報収集の結果、なるほどよくわかったという域に行きつけた人はどれくらいいるのでしょうか。

決してそれは多くはない、というのが私の感想です。

そうなのです、ビットコインやブロックチェーンに関して深く理解するというのは、新しい概念でもありますし、それはそれなりにやはり難しいことなのだと思います。

大枠を押さえて何とか理解しようと思っても、大枠の数も多くなりますし、大枠だけではなんとなくわかった気にはなれず、ではその先をと思うと、いきなり技術的なよくわからない細かい話になってしまい、結局自分の漠然とした印象のままわかったこととしている、という状況になっているのではないでしょうか。

本書ではそれを打破したいと思っています。よりしっかりとビットコインやブロックチェーンについて理解してもらいたいのです。

そのため本書は、一般的な人にもわかり易く、そしてもう少し詳しく知りたい人にはその技術的な情報もよりわかり易く説明する、というコンセプトで書きました。

ビットコインやブロックチェーンに関して、「それなりに知っているよ」と言いえるようになろうと思う人にとって、本書の内容はとても重宝するものになり得ると思っています。

ビットコインなどの仮想通貨、そしてブロックチェーンの技術というものは、今後存在感をもって広まっていくものと思います。

本書を読んでもらうことにより、読者にビットコインやブロックチェーンに関して１ランク上の知識を身に着けていただければと切に願っています。

著者代表　石黒尚久

図解入門 How-nual

図解入門 最新ブロックチェーンがよ〜くわかる本

CONTENTS

第3章　ビットコインとブロックチェーンの基礎技術

第4章　その他のブロックチェーンを使ったプロジェクト

第5章 日本のブロックチェーン

第1章

ビットコインから見たブロックチェーン

もともとブロックチェーンは、ビットコインと同時にそれを支える技術として生まれたのがその起源になっています。ですからブロックチェーンを知るためには、まずビットコインとは一体何なのかについても押さえておくことが必要です。仮想通貨とは何かということに関しては、まだ定まった定義というものはないようですが、実際の通貨でないものが通貨的な機能を実際に果たし始めたのはこのビットコインが初めてなのではないでしょうか。この章では、ビットコインの生い立ちとその発展の流れを追いながらブロックチェーンについても見ていきたいと思います。

1-1 ビットコインとブロックチェーンの生い立ちと発展

まずはじめに、ビットコインがどのように誕生し、今に至っているか、その特徴的なトピックを織り交ぜて説明します。

ビットコインの誕生

2008年11月にインターネット上で「Bitcoin: A Peer-to-Peer Electronic Cash System」（ビットコイン：P2P電子通貨システム）というタイトルでSatosh Nakamotoという名義で書かれた論文が、インターネット上の暗号技術のメーリングリスト（The Cryptography Mailing List）に発表されました。

この論文の発表によりビットコインがその産声をあげたのです。Satosh Nakamotoというのは明らかに日本人の名前なので、翻訳された論文などでは中本哲史と書かれる場合がありますが、元が英語なのでこれは一つの当て字です。本当に日本人なのかどうかもわかっていません。

翌年の2009年1月にはこの論文の内容に基づきサトシ・ナカモト本人が実装したとされるプログラムが、インターネット上で配布され稼働しはじめました。

運用が始まった当初はプログラムの問題により、たくさんのビットコインが鋳造（発行）されてしまう事件があったようですが、それが解決された後は大きな問題は発生しないまま今日にいたるまで稼働し続けています。

ただ、論文及び最初のプログラム実装を行ったとされるサトシ・ナカモトは今までに公の場に顔を出したことはなく、今も国籍はどこなのか法人なのか個人なのかは一切明らかにされておらず、2010年の中頃にビットコインの世界から離れてからは一切消息がわかっていません。

現在は開発を引き継いだ有志によるコミュニティによって、このビットコインシステムは改良が続けられ維持されている状況です。

ビットコインのあゆみ

ビットコインの特徴は、国などの中央集権的な発行元がない状況の中で信頼性を確立し、そしてインターネット上で国境を越えて流通できる点にありますが、最初から注目されていたわけではありません。

実験的に運用が始まったこのビットコインは当初ほとんど価値がなく、ビットコインとして初めての商取引は、2010年の5月にあるプログラマが1万BTC（ビットコインの通貨単位）とピザ2枚を交換したことだと言われています（1万BTCというのは、現在のレートで考えると破格の値段です）。そしてこれを契機に次第に注目を浴びるようになり、現実の通貨と交換できる環境が整っていきます。2014年の2月に経営が破綻しニュースとなった、東京の渋谷に本社があり、その当時世界最大のビットコイン取引量を誇っていたMt.Goxも、2010年7月からビットコインの交換業務を開始しています。

2011年2月にはSilkRoadという違法な薬物を販売する闇サイトでビットコインが取引通貨として利用されはじめます。ビットコインは匿名で利用できますし、一元的に管理する中央機関がないので口座を凍結されるといったリスクもなく、とても都合の良い取引通貨だったのです。SilkRoadがサービスを開始するまでは1BTCは0.3ドル程度でしたが、サービス開始直後には1ドルを超えることになります。そしてSilkRoadサービスは、2013年にFBIに摘発されサービスが停止するまで、ビットコインの使われ方として大きな割合を占めていました。

2013年3月にキプロスで銀行預金に課税されるといういわゆるキプロスショックが発生すると、今度は資産の逃避先としてビットコインが使われるようになりました。

中国でも自国の通貨の価値に不安を抱く人たちが同様にビットコインを資産の逃避先として利用するようになりました。この間、投機的な目的での購入も行われるようになってきています。

このような様々な要因によりビットコインの価格は乱高下をしていましたが、全体的には値上がりをし、2012年には1BTCが10ドルを超え、2013年には一時1BTCが3000ドルを超えるようになりました。2017年5月時点でも1000ドルを上回るレートで取引され、最高値を付けています。使われ方も、アンダーグラウンドな世界や一部の有識者が使うといった状況から、一般社会で利用されるようにと浸透が進み、現在では飲食店やオンラインショッピングでの支払い、あるいはATMでの利用等、様々な場面で利用されるようになってきています。

ビットコイン年表

年月	トピック
2008年11月	サトシ・ナカモトが「Bitcoin: A Peer-to-Peer Electronic Cash System」をインターネット上で発表。
2009年1月	サトシ・ナカモトがビットコインのリファレンス実装プログラムを公開。
2010年中頃	サトシ・ナカモトが消息を絶ち、開発はコミュニティーに引き継がれる。
2010年7月	Mt.Goxがビットコイン交換業務を開始。
2011年2月	SilkRoad違法薬物販売闇サイトでビットコインが決済に利用されはじめる。
2012年	1BTCの価値が10ドルを超える。
2013年3月	キプロスショックが発生。ビットコインが資産の投資先として利用される。
2013年	SilkRoadがFBIの摘発によりサービス停止。
2013年	1BTCの価値が1時1000ドルを超える。
2014年2月	Mt.Goxが民事再生法の申請を行う。同年4月に清算手続きへ移行。
2016年3月	日本政府がいわゆる仮想通貨法を閣議決定。5月に成立。
2017年2月	1BTCの価値が1時1200ドルを超える。
2017年4月	日本で仮想通貨法が施行。

1-2 サトシ・ナカモトが目指した世界とは

前節でビットコインの誕生となるサトシ・ナカモトの論文に触れましたが、ここではこの論文が何を目指していて、いわゆるビットコインのシステムについてどのように書いているのかもう少し詳しく見ていきましょう。

論文とその内容

サトシ・ナカモトの論文は今でもbitcoin.orgのサイトにあり、PDFとしてみることができます（https://bitcoin.org/bitcoin.pdf）。総ページが９ページなのでそれほど長い論文ではありません。また、日本語訳のものもいくつかインターネット上で見ることができます。

論文を見ると、サトシ・ナカモトが目指したのは、金融機関という第三者機関の介在なしに利用者同士が直接オンライで支払いできる仕組みを作る、ということです。

オンラインでの支払い自体は、今でももちろん問題なく行える環境にはありますが、必ず銀行などの第三者機関を介さなければならないので、事前の手続きや支払いごとに安いとは言えない手数料が発生してしまうので、効率が悪くそこを何とかできないかと考えたのだと思います。

そして、この第三者機関の介入を避けるために彼が考え出したのは、暗号技術に基づいた支払いシステムを作るということなのです。この論文ではこれを実現するためのアイデアが説明されています。この中の重要なアイデアの概要を次に説明します。

サトシ・ナカモトの論文の目次（出典：http://bitcoin.org/bitcoin.pdf）

Bitcoin: A Peer-to-Peer Electronic Cash System
（ビットコイン：ピアツーピア電子通貨システム）

（ ）内は著者訳

電子通貨の多重支払い問題の解決

オンライン上の二者間で電子データを安全にやり取りする方法としては、現在では暗号技術に基づいた電子署名の仕組みを利用することができ、それによって実現されています。データが暗号化されているので、内容が他者に知られることはありませんし、もちろん改竄もできません。この方法で支払い情報を載せるようにすれば、安全に支払いができるのかというとそんなことはなく、実は支払いが多重で行われることを避けるすべがありません。

つまり、例えばAさんが自分の持っている同一の元手を、BさんにもCさんにも同時に支払うという不正な情報を送っても、それの正当性をBさんもCさんも確認するすべがないのです。

現在日本で使われているSuicaや楽天Edy、nanacoのような電子マネーでは各個人の残高や利用履歴を管理するサーバーが置かれ、すべてがそこで一元管理されているのでこの多重支払いの問題は発生しません。しかし、ビットコインのようにネットワークに特別な権限を持つ存在を持たず、参加者全員が平等な形で構成されているネットワーク上では、この使用済み、未使用の判断をネットワーク参加者それぞれが行わなければならず解決することが難しい問題なのです。

サトシ・ナカモトはこれを解決する方法として、取引履歴を時間順に積み重ね、そしてそれを書き換えできない形で記録し、受取人がそれを見て過去に使われていないことを簡単に検証できるようにすれば、多重支払いは起こらないと言っています。

つまり、すべての取引を公開された状態にし、その一元的な取引履歴をみんなで共有するシステムを作り、検証により公正な取引であるかをお互いに常にチェックし、公正な取引のみを、書き換えできない形で綴っていくようにすればよい、と言っています。

確かにそのようなシステムができれば多重支払いの問題は解決できるように思えますが、では書き換えできない仕組みはどのように実現しようとしているのでしょうか。

1-3 書き換えできない仕組み（ブロックチェーン）

基本的に電子データは簡単に書き換えることができますし、そこに利点があるとも言えるわけです。では、現状のインターネットで扱われる電子データを、書き換えできなくするにはどうしたらよいのでしょうか。もちろんここでも中央集権的な第三者機関の介在なしに、という条件付きです。

ブロックチェーン

サトシ・ナカモトは、ここで**ブロックチェーン**を登場させます。ブロックチェーンの仕組みについては後でより詳しく説明しますが、ここで簡単に説明しておきたいと思います。

およそ10分毎に、発生している取引（「**トランザクション**」と呼ばれる）をいくつか集めてブロックと呼ばれる塊を作ります。

そしてそれをデータベースに塊として登録していきます。トランザクション毎に登録するのではなく、トランザクションを集めたブロック毎に登録するのです。

そしてその時に作成するブロックの内容に、前のブロック全体のダイジェストデータを含めるようにします。

ダイジェストデータというのはデータを簡略化しサイズを小さくしたデータで、**ハッシュ関数**という処理で作成されるので**ハッシュ値**と呼ばれます。

つまりあるブロックには、その前のブロックがどれであるかを示すことのできる前ブロックのハッシュ値が含まれているのです。これにより、隣同士のブロックが関連を持ちつつ1つの繋がったデータが作られていきます。これがブロックチェーンです。

ブロックチェーンのイメージ①

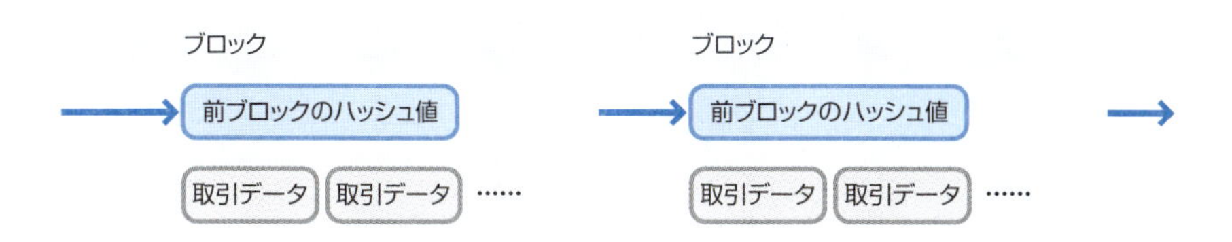

　どこかのブロックの内容を密かに変更しようとしても、そのブロック全体のハッシュ値が変わってしまうので、その次のブロックが持っている前ブロックのハッシュ値との間で不整合が起こり、変更したことがバレてしまいます。それを避けるためには、次のブロックも変更しなければならなくなり、結局変更したいブロック以降のブロックすべてを変更しなければならなくなってしまうのです。これが過去のデータの書き換えを不能にしている仕組みのひとつです。

　しかし、では以降のブロックを含めてすべて書き換えれば変更できるのかというと、実はブロックを作成するには、とても時間がかかる計算処理をしなければならないという難題が課されており、それによっても書き換えが難しくなっています。

　この計算処理のことを**プルーフオブワーク**と呼んでいます。

1-4 仕事量による証明（プルーフオブワーク）

ビットコインやブロックチェーンについて少し調べると、プルーフオブワークという言葉に出会うことと思います。これは書き換えできないブロックチェーンを支えているとても画期的な考え方です。

プルーフオブワーク

新しいブロックを登録する場合、前のブロックのハッシュ値を計算し、集まったトランザクションをブロックにまとめれば、それをそのまますぐに登録できるのかというとそうではなく、作成したブロックのハッシュ値を計算したときに、その値が決められた値（**difficulty target**と呼ばれる）よりも小さな数になるように調整されている必要があります。

実はブロックの中には**nonce**と呼ばれるエリアがあり、そのnonceに書き込むデータを調整し、それでブロックのハッシュ値を変化させ、決められた値よりも小さくなったらそれで正しいブロックが完成します。

どうしたらハッシュ値が小さくなるかを事前に知るすべが数学的に発見されていないので、nonceの値を適当な値から１ずつ増やしながら、結果を確認するしかありません。これをスピーディーに行うには、コンピュータの高い処理能力が必要になります。

条件を満たすnonceの値が見つかり、それを組み込んだ完成したブロックを新たなブロックとしてブロックチェーンにつなごうとしたときに、既に別の誰かが新たなブロックを追加してしまっているという状況が考えられます。この場合はどういうことが起こるのでしょうか。

３６節「フォークとオーファンブロック」で詳しくは説明しますが、このような同じブロックを親として持つ複数のブロックが発生することを**フォーク**と言い、ブロックチェーンが枝分かれしたことを示します。枝分かれしたブロックチェーンは似て非なるパラレルワールドのようなものなので、それぞれのフォークしたブロックチェーンでの整合性は取れていますが、フォークした複数のブロックチェーン間での整合性はないため、どれか1つを選択して使わなければなりません。

ビットコインブロックチェーンでは、積み重なったブロックが最も多いチェーンを有効なチェーンとする決まりになっています。チェーンの状態は確定することはなく、フォークしたチェーンが伸び将来的にブロック数が逆転することで、有効なチェーンが入れ替わることもありえます。

但し、現実的にはフォークが発生した場合、フォークしていつ有効になるかもわからないブロックを作成するよりも、有効なチェーンに繋がるブロックを作成するほうがブロックの作成による報酬（1-5節「ブロックを繋げることによる報酬」参照）からも有益であるため、他の人が既にチェーンを伸ばしていた場合は自分のブロックの作成は取りやめて、そちらのチェーンを伸ばすためのブロック作りを新たに始めることになります。こうしてフォークが発生しても市場原理的に単一のブロックチェーンに収束するようになっています。

ブロックチェーンのイメージ②

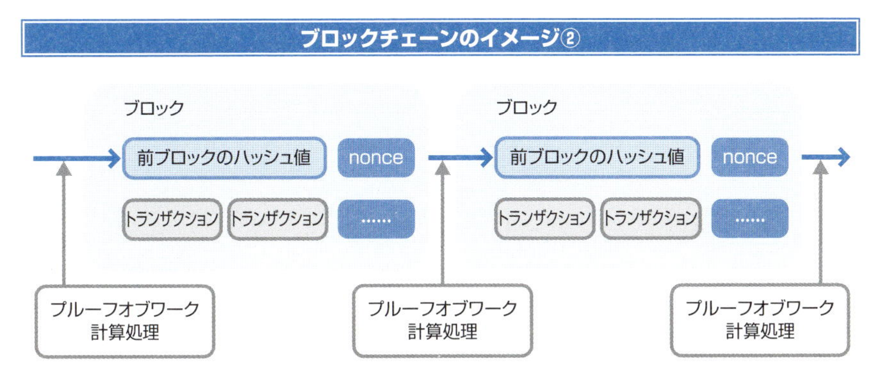

プルーフオブワークでは、条件を満たすブロックが一番多く繋がっているブロックチェーンが、結果として一番多くの仕事量をこなしたとみなし、それを正規のものと認めることになっており、そこからこの名前「**プルーフオブワーク**」＝「**仕事量による証明**」が付けられていると考えられます。

ビットコインのネットワークでは多くの人が、新規ブロック登録の競争を行っていますが、一番長いブロックチェーンのみが正規のものとみなされるので、ブロックチェーンの枝分かれ状態は長くは続かず、結局は一番長いものが皆に認められる状況になり生き残ります。つまりネットワーク全体としての合意がなされた単一のブロックチェーンが維持される、という仕組みになっています。

こういったことからプルーフオブワークは、不特定多数の参加者の中での合意形成方法（**コンセンサスアルゴリズム**）の1つ、と考えられています。

このようにブロックを作成するには時間のかかるプルーフオブワークの作業を行わなければならないので、ブロックチェーンの作り替えは容易ではありません。なのでブロックチェーンは書き換えられないと言えるのです。

10分毎にブロックが付け足される本当の理由

ビットコインのブロックチェーンでは、およそ10分毎に新たなブロックが付け足されているわけですが、これは時間的に10分毎というように決まっているわけではなく、プルーフオブワークの処理時間が平均的に10分ほどかかってしまうので、結果としてそうなっているのです。

ハードウェアの進化により、この処理時間が短くなっていくことが考えられますが、この点に関してもシステム的に工夫がなされており、条件の難しさ（difficultyと呼ばれる）がおよそ2週間（2016ブロック）毎に、それまでの処理時間を参考に、ブロック作成の処理が平均で10分くらいかかるように自動的に調整されるようになっています。

1-5

ブロックを繋げることによる報酬

前節で、ブロックチェーンへの新規ブロック追加の競争が行わている、ということを書きましたが、なぜそのような競争が行われるのかというと、この競争に勝ってブロックを追加した人には、ビットコインの報酬が与えられるからです。次にこのことについて説明します。

マイナー（採掘者）にはビットコインの報酬が与えられる

プルーフオブワークを行い、トランザクションを詰め込んでブロックをブロックチェーンに追加する作業を行う人（あるいは業者）は**マイナー**（**採掘者**）と呼ばれています。なぜならば、新規ブロックの追加に成功した人には、ビットコインの報酬がシステムから新たに支払われるので、その時点でビットコインを採掘したことになるからです。

新しいブロックの最初のトランザクションには、システムからマイナーへビットコインの報酬が支払われる取引が記録されることになっています。この新たなビットコインが発行されるブロックの最初のトランザクションのことを特別に**コインベース**と呼んでいます。コインベースによりマイナーは報酬を得ることになるのです。

金（Gold）が採掘によって採取されることに似せて、ビットコインをブロック生成により新たに発行することを**マイニング**、そしてそれを行う人を**マイナー**と呼んでいます。

報酬額とビットコインの埋蔵量

ビットコインの新規発行はマイニングによってのみ行われるのですが、このビットコインの埋蔵量はあらかじめ決められています。これも金（Gold）の埋蔵量に限りがあることに似せているようです。

ビットコインの発行量（埋蔵量）は、2100万BTC（**BTC**：ビットコインの通貨単位）とあらかじめシステム的に決まっており、1ブロックの生成ごとに与えられる報酬もシステムで決まっています。最初のブロックの生成から209,999ブロックまでの生成に対する報酬は50BTCで、210,000ブロック目から419,999ブロック目までは報酬はこの半分の25BTCになります。このように、最初が50BTCで210,000ブロックの切れ目ごとに半分になるという決まりでシステムは動いています。

210,000ブロックの生成にはおよそ4年がかかりますので、およそ4年ごとに半減期を迎えるという言い方がされています。ビットコインは2009年から採掘がはじまっており、今までに2回の半減期を迎えているので、2017年現在のマイニングの報酬額は12.5BTCになっています。全体の発行量の75%以上は既に発行されたことになります。

トランザクションの手数料

一般的に見るビットコインの送金に関わる説明の中では、きちんと説明されていないように思われるのが手数料の問題です。ビットコインのやり取りをするときには、基本的に必ず手数料を考慮に入れなければなりません。なので、例えば0.01BTCを持っていても、それを誰かにそのまま渡すことはできず、例えば0.0002BTCを手数料とし、0.0098BTCを相手に渡すという形にする必要があります。

トランザクションの元のビットコイン額と、支払いビットコイン額との間には、手数料分の差が発生しています。そして、この手数料はトランザクションをブロックにまとめる作業を行ったマイナーに対するチップ的な報酬としてマイナーに渡されます。

手数料はいくらにしなければならない、というルールは決まっていませんが、ブロックのサイズには限りがあり、より多く手数料を支払うトランザクションから取り込まれていくことから、最低限の支払いは必要です。

支払われた手数料は、マイナーが報酬を受け取るために使われる各ブロックの1件目のトランザクション(3-5節「ジェネレーショントランザクション」参照)で、マイナーへの送金トランザクションとして処理され、記録されることになります。

ブロックチェーンのイメージ③

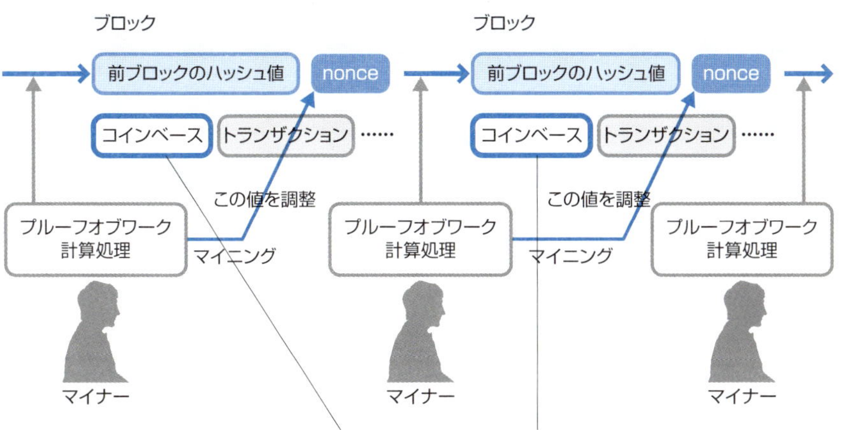

1-6

ビットコインの通貨単位

前節でビットコインの通貨単位であるBTC（「ビーティーシー」または「ビットコイン」と読む）について触れましたが、実際の通貨単位はもっと細分化されていますので、それについて見ていきましょう。

最小単位は1satoshi

ビットコインの最小単位は1satoshiと呼ばれており、これは1BTCの1億分の1ということになっています。つまり1BTCは1億stoshiとなっています。satoshiという単位はもちろん論文の著者であるサトシ・ナカモトの名前から取られたものと考えられます。

ビットコインの価格はかなりの変動幅をもって動きますが、執筆時点では1BTCの価格は20万円を超えています。

例えば1BTCを10万円だとすると、1万円が0.1BTCで、千円が0.01BTCということになります。satoshiを使って表すと1万円が1千万satoshiで千円が100万satoshiということなります。

どちらの単位を使うにしろ小数点の形になったり、ゼロがたくさんつく桁数の多い形になったりして扱いづらさを感じますが、このほかに**cBTC**（センチBTC）や**mBTC**（ミリBTC）、あるいは**μBTC**（マイクロBTC）という表記もあります。これらはそれぞれ1cBTCは1/100BTC、1mBTCが1/1,000BTC、1μBTCが1/1,000,000BTCとなっています。これらの単位を使えば読みやすい表記にすることができそうです。ただ、実際に利用するときには表記間違えや桁間違えは大きな問題となるので、慣れない小数点表記でBTCそのものを使う場合が多いのではないかと思います。

柔軟性を持たせた通貨設計

ビットコインが作られたときには、1BTCが現実の法定通貨とどのようなレートで交換可能になるのかは予測できなかったはずです。2009年の10月にNew Liberty Standardという交換所で、法定通貨との交換レートが提示されたときには1BTCは日本円で0.07円だったようです。2017年5月現在では1BTCは20万円を超えていますので、当時から比べると価値が200万倍以上になったといえるでしょう。

ビットコインは発行総量があらかじめ2100万BTCと決められているので、ある意味希少価値があり、今後利用が広がれば価値が上がる可能性がありますが、satoshiの単位まで細かくできますから、ビットコインでは少額の通貨処理をするときも困ることはなさそうです。適当に決めたのかもしれませんが、実際にビットコインは柔軟性のある通貨設計になっていると言えるでしょう。

ビットコインの通貨単位 1BTC = ¥100,000（10万円）で換算したときの通貨単位

円 / 通貨単位	BTC	cBTC（センチ）	mBTC（ミリ）	μBTC（マイクロ）	satoshi
100,000円	1	100	1,000	1,000,000	100,000,000
10,000円	0.1	10	100	100,000	10,000,000
1,000円	0.01	1	10	10,000	1,000,000
100円	0.001	0.1	1	1,000	100,000
10円	0.0001	0.01	0.1	100	10,000
1円	0.00001	0.001	0.01	10	1,000

1-7 残高を書き換えないトランザクション

ビットコインのやり取り（取引）はトランザクションと呼ばれ、それがブロックにまとめられ、ブロックチェーンに書き足されますが、常に書き足すという操作だけで取り引きが進むトランザクションの中身はどうなっているのでしょうか。それについて簡単に見ておきましょう（トランザクションの詳細については3-5節「トランザクション」参照）。

更新されないトランザクション記録

例えば今自分が1BTCを持っているとします。ビットコインを持っているということは、誰かから1BTC受け取ったというトランザクションがブロックチェーンに記録されているということになります。そしてその中から例えば誰か（Aさん）に0.1BTCを送ることとし、その時の手数料は0.001BTCにするとします。

この送金を行うと、一般的な感覚では送った金額と手数料の合計（0.101BTC）が、手持ちの1BTCから差し引かれ、1BTCが残額の0.899BTCに書き換えられる、と考えるのではないでしょうか。

しかし、ブロックチェーンに1度記録されたデータは、後から上書きでの更新ができないので、このような操作は行われません。手持ちの1BTCは、誰かからのトランザクションで受け取ったことにより存在しているわけですが、ビットコインでは過去のトランザクション情報を更新することはないのです。では一体どういった操作になるのでしょうか。

書き換えを行わないことから、1BTCを受け取ったトランザクションを送金元とする場合、その1BTC全てを使い切らなければいけません。そのため、残額の0.899BTCは新たに自分宛てに送金する形でトランザクションに含める必要があるのです。そうすることによって、はじめの1BTCを受け取ったトランザクション全体の金額が、すべて送信のトランザクションに移り、元のトランザクションの金額がすべて使われることになり、それをわざわざ書き換えずにそのままにしておいても、使用済みとなりその後は使うことができなくなるのです。そして、自分宛に送り戻された残額はそのまま次に使うことができます。

トランザクションでの送金イメージ（1対多）

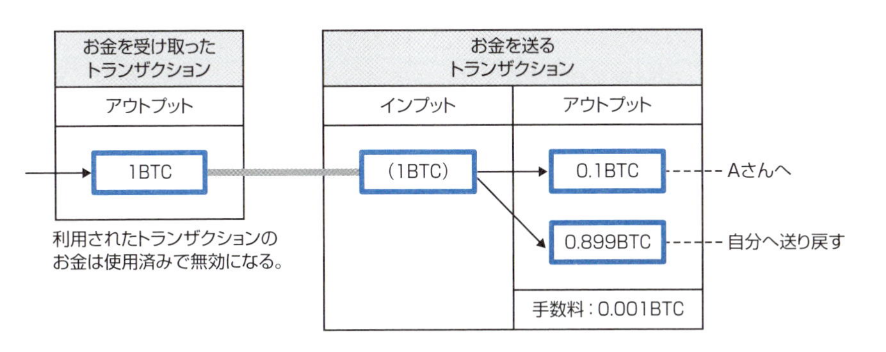

複数のトランザクションをまとめる

このように、常に書き足すかたちでビットコインのトランザクションが維持されていくことのイメージはわかったと思いますが、複数のトランザクションに含まれている未使用の金額をまとめることもできないと不便です。

例えば、ある人からは0.5BTC受け取っており、また別の人からは0.8BTC受け取っているとして、それらを使って新たな人Aさんに1BTCを送りたいときはどうしたらよいでしょう。

ビットコインのトランザクションは複数のトランザクションの金額をまとめることができます。なのでそのように作成すれば1つの新規トランザクションで複数のトランザクションから得た金額をまとめ、そこからの送金を指定することができます。送金の宛先ももちろん、自分へのお釣りも含め複数指定することができます。つまりビットコインのトランザクションは複数入力（インプット）、複数出力（アウトプット）が自由にできるようになっています。

トランザクションでの送金イメージ（多対多）

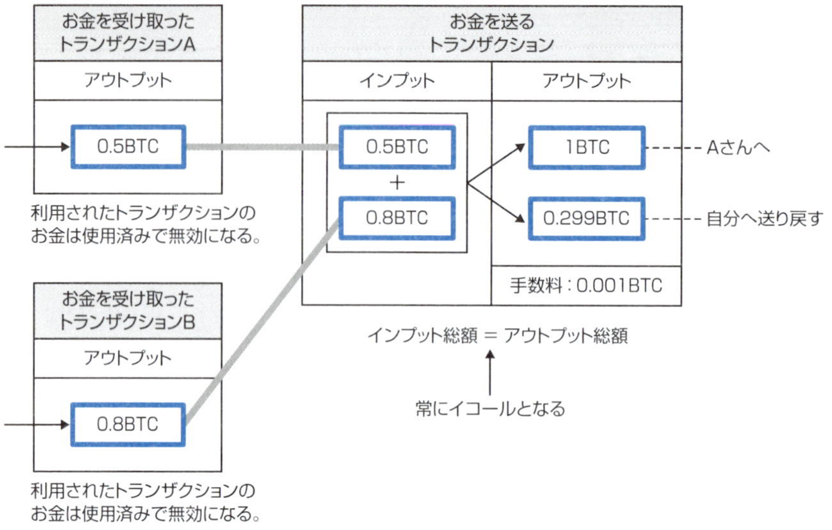

お金を受け取った
トランザクションA
アウトプット
0.5BTC
利用されたトランザクションの
お金は使用済みで無効になる。

お金を受け取った
トランザクションB
アウトプット
0.8BTC
利用されたトランザクションの
お金は使用済みで無効になる。

お金を送る
トランザクション
インプット
0.5BTC
＋
0.8BTC
アウトプット
1BTC - - - Aさんへ
0.299BTC - - - 自分へ送り戻す
手数料：0.001BTC

インプット総額 ＝ アウトプット総額
常にイコールとなる

トランザクションのお金の連鎖

　このようにトランザクションを作成するときには、複数のトランザクションからのお金をまとめたり、複数の相手先へと送金することができるわけですが、このトランザクションを渡りゆくお金の連鎖はどんなイメージなのでしょうか。

　トランザクションをまとめているブロックは、正規の1本の鎖でどんどん伸びてゆくイメージ（これがブロックチェーン）ですが、トランザクションで送金されるお金の連鎖は分かれたり集まったりと実はとても複雑に伸びてゆきます。

　これは人にとっては複雑に思えますが、こういったものを間違いなく素早く処理するのはコンピュータが得意としていることです。

トランザクションのアウトプット毎にお金は残る

1つのトランザクションでは、通常自分への残高送金を含めて複数の送金先（アウトプット）が作られるわけですが、このアウトプットがそれぞれ独立して新たな送金元になり得るわけです。なのでそのアウトプットからまた新たな送金トランザクションのインプットが作られ、送金は枝分かれするかたちになります。お金が次々使われていけばアウトプットからインプットへ枝はどんどん伸びていきますし、お金が使われなければ、そのお金はトランザクションのアウトプットに残り続けていることになります。

ブロックチェーン全体で見ると、この残り続けているアウトプットの金額の総和が、現在使うことのできるビットコインの総額になっているわけで、この使わずに残り続けているトランザクションのアウトプットには、**UTXO**（**Unspent Transaction Output**）という特別な呼び名が付いています。

新たなトランザクションはすべてこのUTXOから生み出されるので、ビットコインのシステムでは、このUTXOをメモリ上に常駐させ、素早く処理できるよう準備しています。

トランザクションの連鎖とUTXO

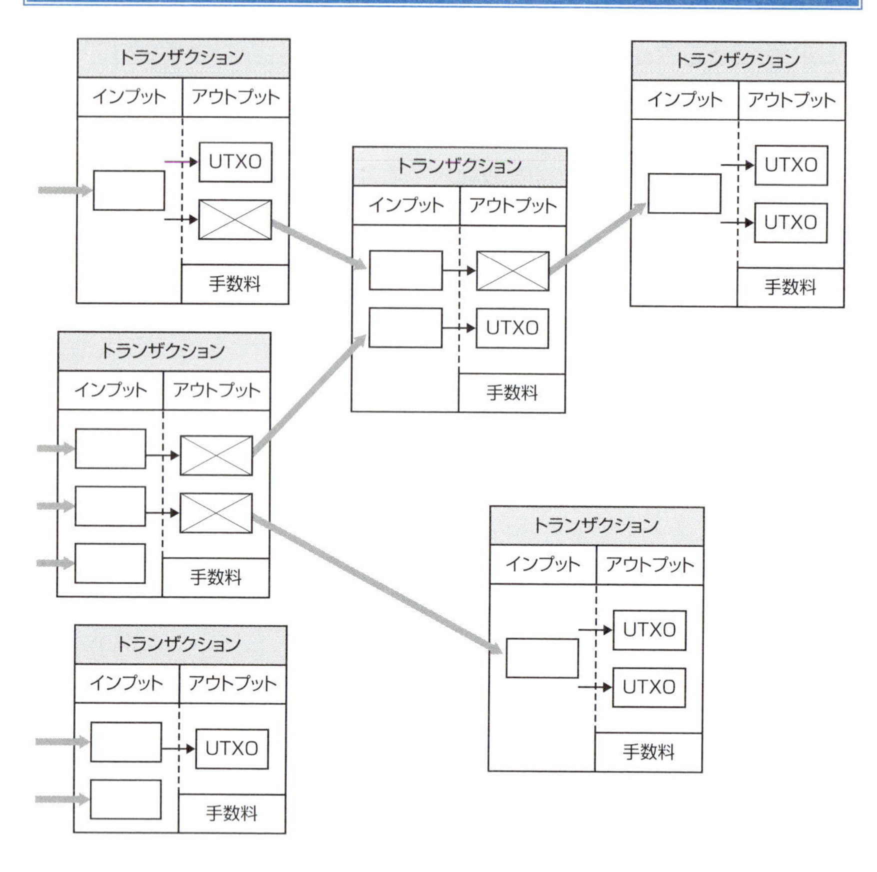

：アウトプットが新たなインプットに引き継がれ、そのアウトプットが使用済となる。

：使用済アウトプット

UTXO ：未使用アウトプット（Unspent Transaction Output）

1-8 電子通貨であるビットコインのやり取り

現実の通貨であれば、現金を相手に手渡すということによりお金を渡すことができます。あるいは相手の振込先の口座番号がわかれば、そこに対して送金手続きをすることにより、お金を相手に渡すことができます。しかし電子通貨であるビットコインは、実際にどのようなことを行うことで、相手にお金を渡すということが成立するのでしょうか。そのあたりを見ていきます。

ビットコインの受け取りはビットコインアドレスで

ビットコインを受け取るには、まず受け取り用のビットコインアドレスを準備する必要があります。このビットコインアドレスというのは、ビットコインシステムがコインのやり取りに採用している**公開鍵暗号方式**で使われる、**秘密鍵**と**公開鍵**のペアの内の、**公開鍵データ**から変換して作られるものとなっています。

なので順番からすると、ビットコインを受け取るためにはまず公開鍵暗号方式の秘密鍵と公開鍵のペアを準備し、その公開鍵を**ビットコインアドレス**と呼ばれるものに変換し、それを送金元の相手に教えて、そのビットコインアドレスに対してビットコインを送ってもらうという形になります。

ビットコインを受け取るのに必要なもの

秘密鍵(256ビット=32バイト)
公開鍵(256ビット=32バイト)
→ 公開鍵暗号方式キーペアを生成

↓ 可読文字列に変換

ビットコインアドレス(27～34バイト) —— これを宛先にビットコインを送ってもらい受け取る。

鍵とは何か

ここでいう**鍵**とは何かというと、実体は256ビットの電子データで32バイトの長さのものです。この鍵は、何かしらの電子データを**暗号化**したり**復号化**したりするのに利用するもので、暗号化に関わるものです。

ビットコインで利用している**公開鍵暗号方式**は、**公開鍵**で**暗号化**したデータは**秘密鍵**でしか**復号化**できず、**秘密鍵**で**暗号化**したデータは**公開鍵**でしか復号化できない

という仕組みになっており、ビットコインのシステムでは、秘密鍵で暗号化したものを公開鍵で復号化し確認する、という手順でこの方式を利用しています（3-2節「公開鍵暗号」参照）。

秘密鍵の作り方

実際にビットコインを利用するときには、その時利用する**ウォレット**（財布）のアプリケーション（第２章で説明）が秘密鍵を自動的に作成するということをしてくれますが、秘密鍵は自分でも作ることができます。

256ビットのデータであればどれでも秘密鍵として使うことができるので、それを自分で作ってしまえばよいのです。例えばサイコロを256回振って、偶数が出れば0、奇数が出れば1として、この数字を連ねればそれを自分専用の秘密鍵として利用することができます。

そんな作り方をしたら、誰かが作ったものと偶然一致してしまい困るのではないか、と思うかもしれません。これは確率的にはゼロではありませんが、現実的にはほぼありえないことなのです。256ビットで作られるデータの種類は、2の256乗になるのですが、これはとてつもなく大きな数なので、無作為に作成した場合、一致する確率はほぼゼロと言えるのです。

公開鍵の作り方

公開鍵は秘密鍵からの計算によって作成されます。ビットコインの公開鍵暗号方式では**楕円曲線暗号**が使われていますが、この楕円曲線暗号方式のプログラムを利用して秘密鍵から公開鍵を作成することができます。プログラムで公開鍵を作成するのですが、できあがった公開鍵から元の秘密鍵を特定するのは現状では技術的に不可能となっています。

ビットコインアドレスの作り方

ビットコインアドレスは、公開鍵のハッシュ値を、人が読める形のアルファベットと数字に変換した27～34文字で表されます。この変換は不可逆なので、逆の変換、つまりビットコインアドレスから公開鍵を作り戻すことはできません。ただし、公開鍵からは常にビットコインアドレスを作り出すことができるので、ビットコインアドレスは公開鍵と同様の扱いをすることが可能になっています（アドレスに関する詳細は3-4節「アドレス」参照）。

受け取ったビットコインを利用できるのは秘密鍵を知っている人

ビットコインはビットコインアドレスに対して送金されます。つまり、ビットコインの送信者は、「私はいくらいくらのビットコインを、このビットコインアドレスに送ります」という表明をし、それがブロックチェーンに記録されていきます。そしてその時、実は、「このビットコインを次に使えるのは、このビットコインアドレスに対応する秘密鍵を知っている人です」ということも同時に記録されている状況になっています。

送り先に指定されたビットコインアドレスが実際は誰のものなのか、ということに関するデータはブロックチェーン上には何も記録されていないわけなので、次にこのビットコインを利用したい人は、自分がこのビットコインアドレスの秘密鍵を知っている、ということを証明できる人ということになっています。つまりこのビットコインアドレスの秘密鍵を知っている人がこのビットコインの所有者となれるのです。

秘密鍵を知っていることの証明方法

公開鍵は皆が知っているという状況の中で、これに対応する秘密鍵を知っているのは自分だ、ということを証明するのにはどうしたらよいでしょうか。

これはそれほど難しいことではありません。皆が知っている何かしらのデータを秘密鍵で暗号化し、そしてその元データとその暗号化データを示し、次にように表明できればよいのです。

「私はこのデータを、私の秘密鍵で暗号化しました。それがこれです。この暗号化したデータを私の公開鍵を使って復号化してみてください。そして復号化されたデータが元のデータと一致していれば、私が秘密鍵を知っていることの証明になりますよね」

という論理です。

秘密鍵を知っていることの証明

- 自分しか知らない自分の秘密鍵を使って公開データAを暗号化し、暗号化データを提示する。
- 提示した暗号化データを公開されている自分の公開鍵を使って復号化してもらい、復号化データBを作る。
- 公開データAと復号化データBの一致で、公開鍵のペアとなる秘密鍵を知っていることが証明される。

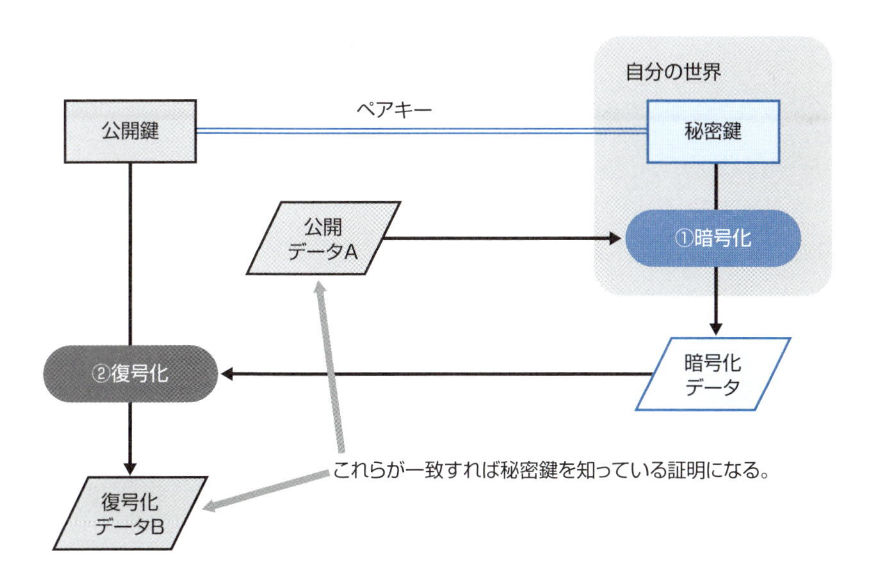

ビットコインを送金するときの処理

　実際ビットコインシステムでは、未使用のままのトランザクションアウトプット（UTXO）を利用する時には、それを新たなトランザクションのインプットとして登録する時に、そのUTXOに書かれている受け取り手のビットコインアドレスに対応した秘密鍵を利用する必要があります。

　その秘密鍵を使って、新たに作成するトランザクションの元データのハッシュ値を暗号化し、その暗号化データと公開鍵のデータとをそのトランザクションに追加する（署名データの追加）、ということをしてトランザクションデータを完成させています。

このような形でトランザクションが作られていれば、トランザクションから署名データを取り除いたデータのハッシュ値と、暗号化データを公開鍵で復号化したデータとを比較して、同一であることが確認できれば、正規の所有者の秘密鍵によってのトランザクションの元データの暗号化が正しく行われたことが検証できます。

この検証がシステム的に行われ、これを合格することにより、はじめてビットコインが正規の所有者によって利用される、という仕組みになっています。

ビットコインにおける公開鍵のペアとなる秘密鍵を知っていることの証明

<Aさんが自分のビットコインを使用できる時の状況>

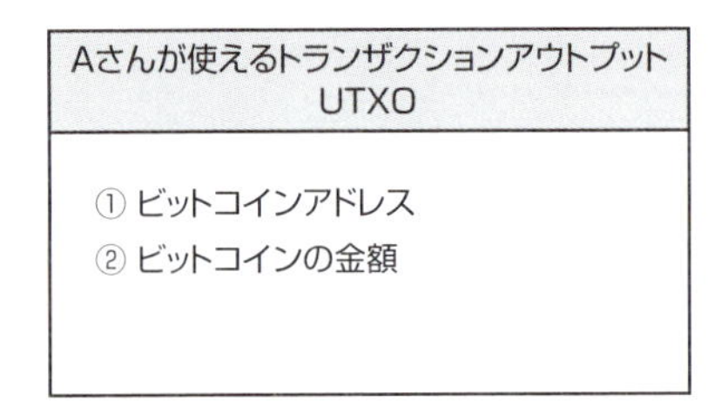

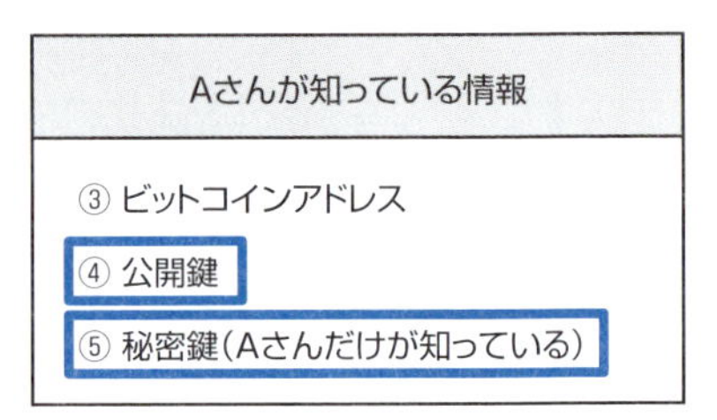

・Aさんのビットコインアドレスに宛てた未使用のトランザクションアウトプット（UTXO）がある。
・Aさんはこのビットコインアドレス（①と③は同じ）に対応した公開鍵・秘密鍵を知っている。

<Aさんがビットコインを使用するときに行われること>

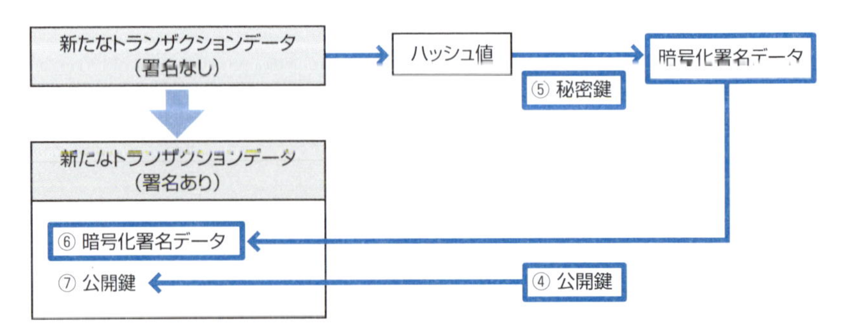

・新たなトランザクションデータ（署名なし）を作成しそのハッシュ値を作成する。
・ハッシュ値を⑤の秘密鍵を使って暗号化し署名データとする。
・新たなトランザクションデータにこの署名データと④の公開鍵を追加し、署名ありの完成形にする。

<新たなトランザクションデータが正しいことを検証するには>

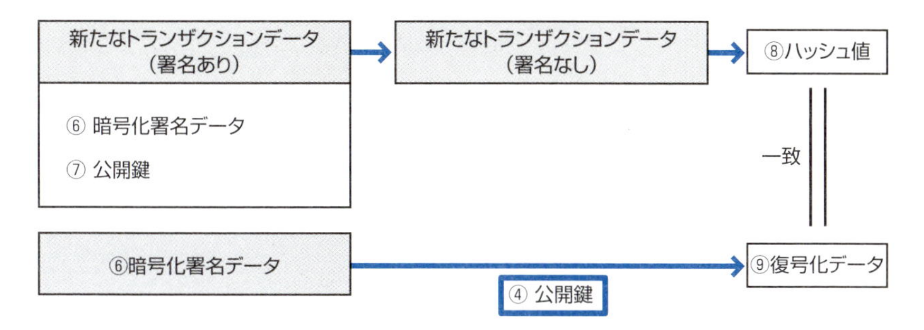

・新たなトランザクションデータ（署名あり）から⑥と⑦を取り除き（署名なし）にする。
・作成された新たなトランザクションデータ（署名なし）のハッシュ値⑧を作成する。
・一方、新たなトランザクションデータ（署名あり）にある暗号化署名データ⑥を公開鍵⑦を使って復号化し復号化データ⑨を作成する。
・この⑧と⑨を比較して一致していれば、Aさんが秘密鍵を知っていることが証明される。

このように秘密鍵を知っていることのチェックが主として行われますが、実際には、暗号化署名データと共に新たなトランザクションに追加されている公開鍵をビットコインアドレスに変換し、使用するUTXOに書かれているビットコインアドレスと一致するかどうかのチェックも行われます。この一致により、どのUTXOを新たなトランザクションが使用しているのかの紐づけが確かなものとなります。

1-9

ブロックチェーンのデータ量

ビットコインのブロックチェーンには、初めに登録されたトランザクション以降のすべてのトランザクションが記録されるようになっていますが、データ量的に問題はないのでしょうか。そのあたりを見ていきましょう。

ブロックのサイズとブロックの総量

現状ではビットコインのブロックチェーンのブロックサイズは、上限が1MBに制限されています。なので、例えば毎回つまり10分毎に上限のサイズのブロックが作られるとすると、1時間に6MB、1日では6×24＝144MB、1年では144×365＝52,560MBになります。10年では526GB程度なので、この程度のデータ量であれば今後のハードウェアの進歩を想定すれば、それほど問題となる量ではなさそうです。

ブロックチェーンのデータサイズ

- 1ブロックのサイズは最大1MB。
- ブロックは10分に1つ程度の頻度で作られる。

1日に作られるブロックサイズ	1×6×24＝144MB／日
1年に作られるブロックサイズ	144×365＝52.56GB／年
10年に作られるブロックサイズ	52.56×10＝525.6GB／10年

スケーラビリティ（拡張性）問題

新たにブロックが作られるのがおよそ10分に1回で、1つのブロックに詰め込める情報量が最大1MBなので、おのずと処理できるトランザクションの数が限られています。実際の処理件数はもっと少なくなりますが、理論値でのトランザクションの最大処理件数は、現状7件/秒が限度となっています（3-5節「トランザクションデータサイズ」参照）。ビットコインの利用が広がり、より多くの人が使うようになると、この7件/秒という処理能力では足りなくなり、未処理のトランザクションが滞留し、取引の遅延が発生するようになってしまいます。

これに関しては数年前より、ビットコインコミュニティー内でも**スケーラビリティ問題**として、いくつかの解決策が模索されています。

対応策としては、ブロックサイズを増やす、トランザクションのデータ量を減らす、ビットコインのブロックチェーンを補助する別のブロックチェーンを導入し対応する、等いくつか出てきて検討されています。

しかし、いずれの案を採用するにしろネット上に散在する多くのマイナー達の合意を得なければ、システムを変更していくことはできません。これがビットコインが非中央集権的であるが故の障壁となっているのです。

スケーラビリティ問題が解決しなければ、今後のビットコインの発展が望めなくなりますので、何かしらの解決策が取られるはずだとは思いますが、これに関しては引き続き目が離せない状況です。

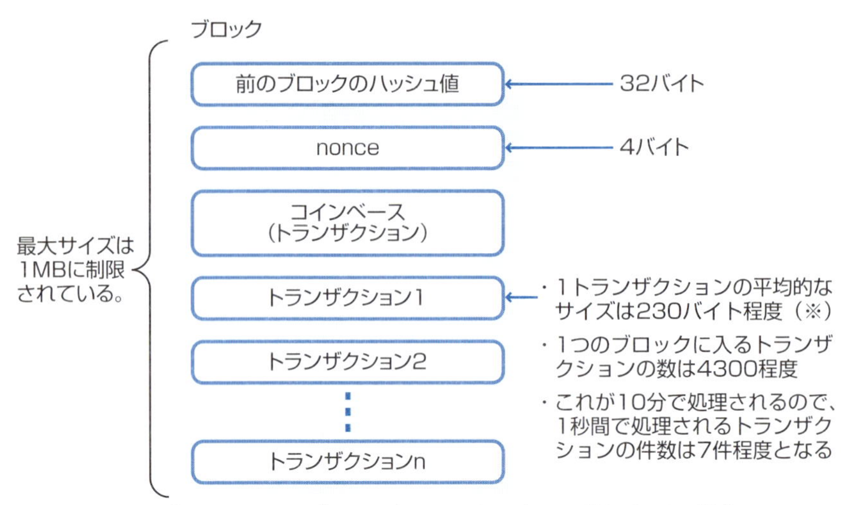

※1つのトランザクションのサイズはインプットとアウトプットの数などにより増減する。

1-10

ビットコインシステムの維持費

ビットコインを利用する限りにおいては、少額の手数料を加味するだけで利用できるので、利便性があるわけですが、これを実現しているビットコインシステムの維持費というのは、どのようになっているのでしょうか。その点について考えてみましょう。

報酬として支払われるビットコインの額

現時点で1つのブロックの生成に対してシステムからマイナーに支払われるビットコインの額は、12.5BTCになっています。各トランザクションに含まれている手数料の額を無視して考えるとすると、執筆時点のレートが1BTC＝290,000円程度なので、1回のマイニングで得られる新規のビットコイン発行報酬は360万円程度になります。1日に発生する報酬は、12.5 × 6 × 24＝1,800BTCとなり522,000,000円（2億6千万程度）で、年間で計算するとおよそ1,900億円程度になります。この額をすべてのマイナーで分け合っている状況です。

マイニングの電気代

現状マイニングは専用のチップを使ったマシンを何万台か同時に稼働させ行われているようですが、例えば日本で市販のサーバーマシンを使ってマイニングするとしたときの金額イメージを考えてみたいと思います。

1台のサーバーの消費電力を500Wとし、電気代を1kWh単価27円とすると、1日の電気代が324円程度になります。もし1万台のマシンを稼働させるとすると、1日324万円の電気代がかかります。この程度のマシンでマイニングに成功するのかどうかはわかりませんが、1日に生み出されるビットコインの額が5億2千万円とすると、2%の確率でマイニングに成功すれば、少なくとも電気代の元は取れそうです。ただし市販のサーバーでマイニングに成功する確率は限りなくゼロに近いのでやるだけ無駄と考えられます。

マイニングは電気代が安いところで

マイニングには多くのCPUパワーが必要になるので、結局はマシン稼働の電気代がとても高くなります。なので、利幅を大きくとるためには電気代の安い所でマイニングをするのが得策ということになります。

実際のところ多くのマイナーが、電気代の安い中国の山間部に集中しているようで、中国でのマイニングは、全体の70%以上にもなっているようです。

ビットコインの維持費は安いのか

結局、ビットコインは利用者にとっては安く利用できるシステムではありますが、システムの維持には莫大な電気代が消費されているようです。しかも行われている計算が条件を満たすハッシュ値を探すという単純なものなので、人類にとって生産的なものとは言えず、単なるエネルギーの浪費とも考えられるのではないでしょうか。

実際にこの点をビットコインシステムと欠点ととらえ、別なやり方はないのか模索されている状況もあります。

ビットコインシステムの生み出すお金

- 1ブロック作られるごとに12.5BTC(現在の値)が生み出される
- ブロックは10分に1つ程度の頻度で作られる。

1日に生み出されるビットコイン　12.5×6×24＝1,800BTC／日

1BTCのレートを20万円とすると、3億6千万円／日。

1年で生み出されるビットコイン　1800×365＝657,000BTC／年

1BTCのレートを20万円とすると、1,314億円／年。

1-11 ブロックチェーンのプライバシー

現在の社会では、誰がどこの銀行にいくら貯金しているのか、といった情報は簡単には知ることができません。これは銀行によってプライバシーの確保が保証されているからです。ではビットコインのブロックチェーンのプライバシーはどうなっているのでしょうか。そのあたりを見ていきたいと思います。

ブロックチェーンはネット上の公開台帳

ビットコインのブロックチェーンはインターネット上に公開されているビットコイン全取引の台帳になっているので、過去にわたっての取引履歴は常にトレース可能な形で保管されています。

ただし、取引の送り手や受け取り手を表すのに使われるビットコインアドレスが、実際誰のものなのかは記録されていません。金額は見ることができます。このような状況でプライバシーは保護されているのでしょうか。

利用する上で身元をまったく明かさないのは無理

誰かにビットコインを送るにしろ、誰かからビットコインを受け取るにしろ、その相手の誰かには自分の身元を明かすことが必要になるでしょう。

つまりビットコインで何か物を買ったならば、その支払元が自分であることを示さなければならないですし、誰かからビットコインを受け取る場合、自分のビットコインアドレスが何なのかを示す必要があります。このように、ビットコインを利用する段階になると、自分と自分のビットコインアドレスとの関連を他人に知らせることになってしまうのです。

もし自分が使っているビットコインアドレスが1つしかなかったならば、自分とこのビットコインアドレスとの関連を知っている人は、ブロックチェーン上のこのビットコインアドレスの取引をすべて検索することにより、自分がブロックチェーン上でいくらの金額を保有しているのか、ということを知ることができることになってしまいます。

ブロックチェーンに登録されているビットコインアドレス自体には匿名性がありますが、それが一旦知られてしまうと、そのビットコインアドレスに関わる情報を隠すすべがなくなってしまうのです。

これではプライバシーが守られているとは言えません。そこに何か手立てはないのでしょうか。

プライバシーの守り方

ビットコインアドレスの説明で、それは銀行の口座番号みたいなものだという説明を見ることがありますが、違いもあります。

振込先の番号になるという意味では同じですが、ビットコインアドレスは取引ごとに新たに作ることができるので、その点は銀行の口座番号とは違っています。

銀行では同じ人がむやみに複数の口座を作ることはできませんし、その必要性も低いです。プライバシーを銀行が守っているので、それで問題がないのです。

ビットコインでは取引内容がオープンではありますが、利用するビットコインアドレスはいくらでも持つことができます。

これを利用して、受け取るビットコインアドレスを取引毎に変えるということが、プライバシーを守る一つの対処となります。ビットコインアドレスが違っていれば、同じビットコインアドレスを検索することにより連鎖的に情報が知られてしまうということが避けられます。

この取引ごとにビットコインアドレスを変えるということは、ビットコインの世界では常に推奨されています。

その他の対処

このように、ビットコインのブロックチェーンには公開台帳となっていることによるプライバシー的な弱点があるので、これを何とかできないかということが継続的にいろいろと考えられています。

例えば、複数の人の送金を一旦受け取り、そこから改めて送金する、という中間的なプロセスを作ることにより、誰のビットコインが誰に送られたのかを不明瞭にする、というサービスなどが考えられています。

このプライバシーの問題は、引き続きビットコインが克服すべき問題のひとつと言うことができます。

ビットコインプライバシー

- あるビットコインアドレスの所有者が誰であるかがわかると、そのアドレスで検索が可能。
- そのアドレスに紐づいているビットコインの金額が知られてしまう。

- 対処法：ビットコインアドレスは、毎回違うものを使う。

ビットコインアドレス:ABCDがAさんのものであることがわかると。

このアドレスでAさんが所有しているビットコインすべての金額がわかってしまう。

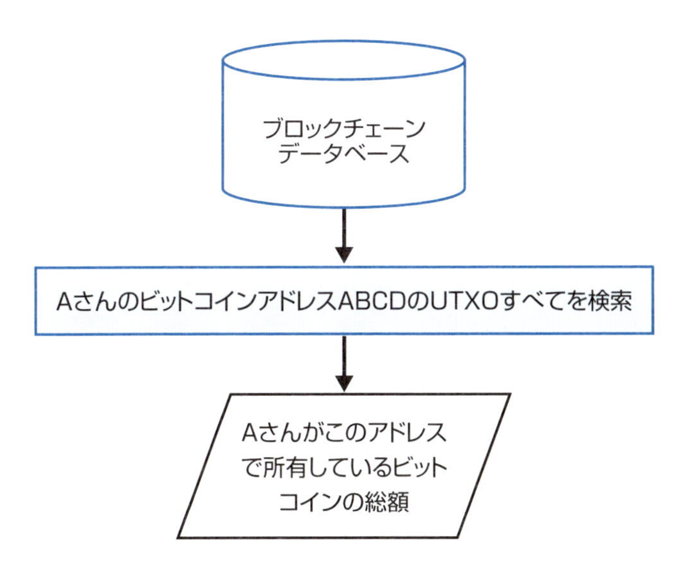

第2章

ビットコインの仕組みとブロックチェーン

第1章では、サトシ・ナカモトの論文から生まれたビットコインの概要について説明してきましたが、この章では実際にビットコインを利用する、という視点から改めてビットコインやブロックチェーンについて確認しならが見てきたいと思います。そして、ビットコインとそれを支えるブロックチェーンとの関係についても考えてみたいと思います。

2-1 ビットコインの情報サイト

ビットコインシステムが稼働し始めてから、既に8年ほど経っています。現在ではビットコイン関係するいろいろなサイトがビットコインの情報を発信しています。ビットコインを知る上で参考になるそれらのいくつかについて紹介します。

ビットコインの本家サイト

ビットコインの情報源として中心となっているのは、「bitcoin」（https://bitcoin.org）というサイトで、このサイトのはじめの方のページは日本語化されており、日本語で読むことができます。

ビットコインの利用を考えているならば、このサイトをとりあえずは読んでみることは必要だと思いまが、ベースが英語版を日本語化したページなので、必ずしも日本人向けに特化した作りにはなっていません。各ページの翻訳状況はまちまちで、完全に日本語にローカライズされているわけではありませんが、ビットコインのリファレンス実装のクライアントである「ビットコイン・コア」の導入手順等、公式の情報として公開されており、信頼性が高い情報源です。元々はサトシ・ナカモトによって作られたサイトで、現在はサイト自体をオープンソース（https://github.com/bitcoin-dot-org/bitcoin.org）として公開し、有志によって更新されています。時事ニュースや技術的詳細情報について記載されているわけではなく、常に最新の情報が公開されているわけでもないため、他のサイトを併用して見ていく必要があるでしょう。

検索サイトで「ビットコイン 取引所」を検索すると、日本の取引所の比較サイトなどが見つかりますが、執筆時点で7社が表示されます。今後日本ではもっと取引所が増える可能性があると思います。日本での最新情報がbitcoin.orgのページにはすぐには反映されない可能性もあるので、実際にビットコインを購入あるいは利用し始めるにあたっては、このサイト以外のサイトも、いろいろ検索して確認する必要があるでしょう。

ビットコインの日本語サイト

日本人向けのビットコイン関連ニュースのサイトとしては、「ビットコイン ニュース」（http://btcnews.jp/）というサイトがあります。これは日本のサイトなので、日本人向けの情報が掲載されています。更新頻度は比較的高く、メールアドレスを登録することにより、毎日の最新ニュースを受け取れるメルマガサービスも提供されています。相場のページもあり、日々の相場の動きを見ることもできます。またビットコインの技術的詳細の解説記事もあり、ニュースのみならず有益な情報が公開されています。

同じくビットコイン情報満載のサイトとしては、「Bitcoin日本語情報サイト」（https://jpbitcoin.com/）があります。このページもニュースや市況チャートがありますが、この他にビットコイン用のウォレット（財布）アプリのページやビットコインが使えるショップのページなどもあり、実用的な情報がたくさん載っています。

日本でビットコインを利用し始めようとするならば、これらのサイトはまずは最初に押さえるべきものと言えるでしょう。

ビットコインシステム関連サイト

ビットコインのシステム自体に興味のある方もいるかと思います。おすすめの第一歩としては、やはりビットコイン公式クライアントとも言える「ビットコイン・コア」を使ってみることです。ビットコインの最初の実装としてサトシ・ナカモトによって開発され、その後はコミュニティによって活発に更新され続けています。手順はビットコインの本家サイトに解説があり、次のようにページを辿ることで確認できます。

- 「ビットコイン・コアをダウンロードする」ページ（https://bitcoin.org/ja/download）
- 「ビットコインの開発」ページ（https://bitcoin.org/ja/development）
- 「ビットコインのリソース」ページ（https://bitcoin.org/ja/resources）

そして、

・「ビットコインのコミュニティ」ページ（https://bitcoin.org/ja/community）

などが有益です。みな最初のページは日本語になっていますが、残念ながらその先のページは英語のページになってしまいます。

ビットコイン・コアのプログラムサイト

「ビットコイン・コアをダウンロードする」ページからはビットコインコアのプログラム自体をダウンロードすることができます。各OS毎にプログラムが用意されていますので、自分のPCのOSに合ったものをダウンロードし、インストールすることにより、ビットコイン・コアを自分のPCで動かすことができます。

ビットコイン・コアのプログラムを動かすと、自身のPC内に最新のブロックチェーン全体のデータベースを構築をしはじめます。このブロックチェーン全体のデータは容量が多いので、ダウンロードには結構時間がかかります。回線スピードが遅い場合は数日かかることもあります。ブロックチェーンが最新になると、後はリアルタイムでブロックチェーンが更新されるようになります。

これで自分のPCがビットコインシステムの一員なり、自分のPCの情報を見ることによってブロックチェーンを調べることや、ビットコインシステムの各種コマンドを実行することができるようになります。マイニングのプログラムを動かすこともできます。

ビットコイン・コア　プログラムのソースコード

ビットコイン・コアはオープンソースのプロジェクトとして開発が進められているので、誰でもそのソースコードを入手することができます。ソースコードはgithubというサイトで公開されていますが、このサイトへは「ビットコイン・コアをダウンロードする」ページの「Source code」のリンクから行くことができます（https://github.com/bitcoin/bitcoin）。

このページからソースをダウンロードし、自分のPC上でビットコインコアのプログラムをソースからビルド（構築）することもできます。もちろん専門的な知識が必要となりますが、やり方に関しては、「Doc」フォルダのREADMEファイルに書かれています。ソースからビルドできるということは、ソースに変更を加えて、それをビルドできるということです。

ブロックチェーンの情報

ブロックチェーンの情報をグラフなどで見ることができるサイトに、「BLOCKCHAIN」(https://blockchain.info/)があります。「ビットコインのリソース」ページの「表と統計」のBlockchain.infoリンクから表示できます。ある程度は日本語化されていますが、元となっているページは英語です。

このサイトのメインの情報はブロックチェーンのリアルタイム情報です。その日に発生しているトランザクションの数がリアルタイムでカウントアップされています。また現時点のブロック高（これはブロックチェーンに格納されているブロック数を表します）がいくつになっているのか、そのブロックのサイズはいくつか、そしてそのブロックに含まれている送金額の合計がいくらになっているのか、などの情報が表示されています。

このページで便利なのがサーチ機能で、ビットコインアドレスを入力して検索すると、その情報がシステム上でどのような状態になっているのかを教えてくれます。

例えば自分が送金した相手先のビットコインアドレスを入力すると、そのトランザクションがブロックチェーンに取り込まれたか否か、取り込まれてからどれくらいブロックが積み重なっているのか、という情報をリアルタイムで確認することができます。

この他「Blockchainチャート」のページ（https://blockchain.info/ja/charts）では各種統計情報を数値やグラフで見ることができます。「市場価格(USD)」、「平均ブロックサイズ」、「1日のトランザクション数」、「確認待ちのトランザクションデータの総量」などの数値が人気のある統計値として載っています。また、面白い情報としてはマイナーのシェアを表す「Hashrate配布」という情報で、ここに表示されている円グラフを見ると、例えば執筆時では上位5つのマイニングプール（複数のマイナーが協力してマイニングを行なうグループ）が全体の過半数を占め、上位10で75%以上占めていることがわかります。世界中で多くの人がマイニングしていると思いきや、とても少ない数のマイナーグループによってマイニングが進められている実態がわかります。

Bitcoin Wiki

英語のサイトになってしまいますが、ビットコインに関する技術的な詳細情報が解説されているサイトに、「Bitcoin Wiki」（https://en.bitcoin.it/wiki/Main_Page）があります。このサイトの情報を理解すればもうビットコインの専門家と言えるのではないでしょうか。

Help：FAQのページ（https://en.bitcoin.it/wiki/Help:FAQ）には、ビットコインに関する一般的な疑問に対する回答が載っています。例えば、「What is Bitcoin?」（「ビットコインって何？」）に対する回答は以下のように掲載されています。

> Bitcoin is a distributed peer-to-peer digital currency that can be transferred instantly and securely between any two people in the world. It's like electronic cash that you can use to pay friends or merchants.　（出典：https://en.bitcoin.it/wiki/Help:FAQ）

日本語訳をしてみると、次のようになるでしょう。

> ビットコインは、世界中の任意の二者間で素早く安全に送信することができる、分散ピアツーピアのデジタル通貨です。それはあなたが友人や商人への支払いに使うことができる電子的な現金のようなものです。

BIP(bitcoin improvement proposals)「ビットコインの改善提案」

少し専門的な話なのであまり目にすることはないかと思いますが、ビットコインのシステムは継続的に改良が行われており、それは**BIP**（**bitcoin improvement proposals**）「**ビットコインの改善提案**」というものに基づいて行われています。

BIPによる提案は手順を踏めば誰でも行うことができ、この提案に関しては検討が行われ、採用されればそれに基づいた改良がおこなわれることになります。もちろん採用されないものもあります。

BIPの内容に関してもオープンにgithub上で公開されています（https://github.com/bitcoin/bips）。先ほど説明したBitcoin Wikiにも簡単な説明ページがあります（https://en.bitcoin.it/wiki/Bitcoin_Improvement_Proposals）。

ビットコイン、ブロックチェーン関連サイト一覧

No.	サイト名	言語	サイトアドレス	内容
1	ビットコイン	英語／日本語	https://bitcoin.org/ja/	ビットコインの本家サイト
2	ビットコインニュース	日本語	http://btcnews.jp/	ビットコインのニュースサイト
3	Bitcoin 日本語情報サイト	日本語	https://jpbitcoin.com/	ビットコインの日本語情報サイト
4	bitcoinwiki	英語	https://en.bitcoin.it/wiki/Main_Page	ビットコイン Wiki サイト
5	BLOCKCHAIN	英語／日本語	https://blockchain.info	ブロックチェーンのリアルタイム情報サイト
6	GitHub bitcoin/bitcoin	英語	https://github.com/bitcoin/bitcoin	ビットコインコアのソースサイト
7	GitHub bitcoin/bips	英語	https://github.com/bitcoin/bips	ビットコインの BIP サイト

2-2 ビットコインのウォレット

インターネット上の仮想通貨であるビットコインを利用するには、何かしらのアプリ（アプリケーションソフトウェア）が必要になります。このアプリケーションのことを､ウォレット（アプリ）と呼んでいます。このウォレットのことをよくわかっていないと、ビットコインを使いこなすことはできません。ここではこのウォレットについて説明します。

ビットコインを所有するとは

まず、ウォレットについて説明する前に、ビットコインを所有するとはどういうことなのか、ということについて考えてみたいと思います。

第１章で説明しましたが、ビットコインを所有するには、まず256ビットの自分専用の秘密鍵データを作成し、それから楕円曲線公開鍵暗号方式で提供されるプログラムで、この秘密鍵に対応してペアとなる公開鍵データを作成し、そしてその公開鍵をさらに定められたプロセス（3-4節「P2PKHの生成手順」参照）で変換し、ビットコインアドレスを作る必要があります。

つまり**秘密鍵**、**公開鍵**、**ビットコインアドレス**の３つのセットを準備する必要があります。

このビットコインアドレス宛にビットコインを送金してもらい、そのトランザクションがブロックチェーン上に記録され確定することにより、送られたビットコインの所有者となることができます。

所有者とは、このビットコインを次に使うことができる人という意味です。次に使うことができるのは、送金の宛先となっているビットコインアドレスに対応した秘密鍵を知っているということを証明できる人、ということになります。次に使うためには、この秘密鍵で暗号化されたデータが必要となるので、それを知っている人しかそれを作成できないからです。

言葉で正確に説明しようとするとまどろっこしくなりますが、端的に言うと「受け取ったまま、まだ使われていないビットコインのビットコインアドレスの秘密鍵を知っている人が、そのビットコインの所有者」ということになります。

ビットコインの所有者

秘密鍵、公開鍵、ビットコインアドレスの3つのセットを準備する

まだ使われていないビットコインのビットコインアドレスの秘密鍵を知っている人が、そのビットコインの所有者

秘密鍵が重要

このようにビットコインを所有しているということは、秘密鍵を知っているということと同義なのですが、この秘密鍵の扱いは生身の人間にとってはとても厄介です。今後仮想通貨が当たり前になってくれば、その扱いにも慣れてくるのでしょうが、今までの日常では秘密鍵をこのように扱うことはなかったので、多くの人が戸惑うことと思います。

秘密鍵はランダムに選出された2進数で256桁、つまり256ビットの数値（乱数）です。これは4ビットの値を1文字（0, 1, 2, 3, 4, 5, 6,7, 8, 9, A, B, C, D, E, Fのいずれか）で表す16進数を使っても64文字にもなり、とても銀行口座番号の7桁を覚えるようには覚えられません。書き写すのでも間違えそうです。

さらに秘密鍵が厄介なのは、秘密鍵自体の256ビットの値もなるべくランダムに作られたものでなければいけない点です。秘密鍵の数値が規則的に作られていると、その規則性から発見されてしまう恐れが発生するため、なるべくランダムな形で256ビットの数値を作り出さなければいけません。また、その名の示す通り、秘密鍵は自分以外の人に知られないように保管しなければいけません。自分の口座番号が他人に知れ渡っても、別にお金がそこから盗まれるわけではないので、とくにその扱いに気を遣うことはありません。しかし、秘密鍵が他人に知れ渡ってしまうと、その秘密鍵に紐づいたビットコインをその知った人に使われてしまう可能性があり、自分の所有物ではなくなってしまうのです。

では秘密鍵の管理はどのようにすればよいのか、という疑問が湧いてくるわけですが、これは保有する金額や、保有者がどの程度利用するか等、状況に応じた臨機応変な対応が必要です。自分の秘密鍵が保持しているビットコインが大金で、しかも頻繁に動かすことがないならば、秘密鍵を紙に書いて、それを金庫にしまっておくのが適切かもしれません。もし少額のビットコインを手軽に利用したいならば、後で説明するスマートフォンの**ソフトウェアウォレット**として出回っているものをそのまま使うのがよいかもしれません。いずれにしろ、ビットコインアドレスだけを気にするのではなく、それに対応する秘密鍵がどのような状況に置かれているのかを常に気にしておく必要があります。

ウォレットがやってくれること

ブロックチェーンでは非常に広義な意味合いで「**ウォレット**」という言葉が使われています。厳密な定義がされているわけではありませんが、概ねブロックチェーンにおけるウォレットは次の要素を全て又は部分的に持つものであると言えます。

- **秘密鍵の作成及び保有（対応する公開鍵 / アドレスの管理）**
- **送金を行うトランザクションの作成、署名、送信**
- **ブロックチェーン上のウォレットで管理されるアドレスに関連するトランザクション情報参照**

一般的に単純にウォレットと呼称する場合は上記すべての機能を内包し、それ単体で送金や、アドレスの生成、着金や送金のトランザクション状態の取得が行えるものを指します。**ハードウェアウォレット**や**ペーパーウォレット**等、「〇〇ウォレット」と呼ばれることがありますが、上記の3項目やその他の観点からウォレットを種類分けしたものです。注意が必要なのはウォレットと名がついてはいるものの、殆どの名称はウォレットの特定の部分の種類分けをしたものなので、例えばスマートフォンのウォレットアプリのように上記項目を全て満たすようなウォレットは、複数の「○○ウォレット」が組み合わさっている状態と言えます。

インターネットへの接続状態でのウォレット分類

ビットコインを含む殆どのブロックチェーンでは使用するアドレスを事前に登録しておく必要はありません。また、受け取ったコインを送金する際には送金するトランザクションに署名さえできれば、それを誰がネットワークに配信しても良いため、秘密鍵を管理し署名を行うウォレットは、必ずしもインターネットに接続している必要はありません。秘密鍵の漏洩を防ぐためにインターネットへの接続を無くしてしまうことで、そもそもの攻撃経路を無くしてしまうことを意図しています。また、一般的にはインターネットへの接続だけでなく、Bluetoothやローカルエリアネットワーク（LAN）等の接続も絶ち、完全なスタンドアローン環境として電子的になるべく他のデバイスやコンピュータと接続されることがないように構築されます。このように、なるべく他との接続を断ったウォレットを**コールドウォレット**、逆に通常のインターネットへの接続が可能なウォレットのことを**ホットウォレット**と言います。コールドウォレットではブロックチェーン情報の取得ができないため、コールドウォレットの持つアドレスへの着金の検知ができません。着金の検知ができないことはトランザクションの作成ができないこととなるため、コールドウォレットを実際に使う際には、インターネットに接続された着金の検知や、署名前トランザクションの作成を行う一般的なノードサーバーを併用することとなります。

コールドウォレットでの着金や送金の流れは次のようになります。

1. インターネットやその他デバイスやコンピュータとの接続することのできない環境（一般的にはコンピュータ）で秘密鍵の生成、対応するアドレスの算出を行い、アドレスを送金者に伝える。

2. インターネットに接続された環境で「1」で生成されたアドレスへの着金

を監視しておく。

3. **コールドウォレットからの送金を行う際は、「2」で検知した着金情報を元に未署名のトランザクションデータを作成し、それを QR コード画像等にして出力させる。**
4. **コールドウォレットで QR コードの読み取り等でトランザクションデータを読み取り、コールドウォレット内に保存された秘密鍵でトランザクションの署名を行い、署名後のトランザクションを再度 QR コードとして出力する。**
5. **インターネットに接続された環境で「4」で作成されたトランザクションを読み取り、そのトランザクションをネットワークに配信する。**

このような手順を踏んでトランザクションを作成していくことで、コインの所有権とも言える秘密鍵とネットワークとの接点はQRコードを介した非常に限定的なものとなります。秘密鍵が盗まれる攻撃面を極限まで減らしているため、秘密鍵の安全性という意味では最も安全な方法の一つであると言えます。ホットウォレットに対して圧倒的な安全性を得る代わりに、上記の手順のように送金は非常に手間と時間のかかる作業となっていましします。

秘密鍵のリストをどのように生成するかでのウォレット分類

どのようなウォレットであっても通常は複数個の秘密鍵を管理しています。この複数個の秘密鍵を愚直に1つずつ乱数で生成していく方式を**非決定性ウォレット**と言います。生成した秘密鍵同士に関連性がないためえ、保持している秘密鍵をバックアップしておく場合はすべての秘密鍵を記録しておく必要があります。逆に3-4節「階層的決定性ウォレット」のように、1つの乱数生成を起点に、次々と秘密鍵の生成を決定論的に行う方式は決定性ウォレットと呼ばれます。大本になる値1つさえわかれば、自ずと全ての秘密鍵が算出出来ることから、現在では広く使われています。決定性ウォレットの大本になる乱数は秘密鍵のリストを作る種になるという意味合いで**シード**や**マスターシード**と呼ばれますが、このマスターシードをニーモニックと呼ばれる人間が記憶しておきやすいように複数の単語の羅列に置き換える手法も一般的に使われています。

秘密鍵をどこに保存するかでのウォレット分類

秘密鍵がどこに保存されるかを示すウォレットタイプとして次のようなものがあります。

- **ウェブウォレット**
- **ソフトウェアウォレット**
- **ペーパーウォレット / 物理ウォレット**
- **ブレインウォレット**
- **ハードウェアウォレット**

ウェブウォレットはウェブサービスとして秘密鍵の管理やトランザクションの確認や送信を行うサービスです。秘密鍵の管理をサービス提供者に委任しているので、厳密にはビットコインが手元にある状態とは言えません。秘密鍵の管理やトランザクションの送信、ブロックの確認等すべてをサービス提供者のサーバで行うため、ウェブブラウザでページを表示するだけで利用できる利便性があります。

ソフトウェアウォレットは秘密鍵の保存先だけでなく、その他全ての機能をまとめてソフトウェアとして提供しているウォレットを指していますが、ソフトウェアウォレットの殆どは秘密鍵をスマートフォンやコンピュータ内のハードディスクに保存しています。最も一般的な秘密鍵の管理方法で広く使われていますが、スマートフォンやコンピュータのウイルスやハッキング等のリスクがある環境下に秘密鍵を保持することから使用する際には注意が必要です。

ペーパーウォレット / 物理ウォレットは、そのままの意味で紙やその他物理媒体に秘密鍵を保存するものです。秘密鍵を保持するということだけを行うので、実際に送金を行う際や、残高の確認を行うにはノードサーバや別のウォレット等を併用する必要があります。ブラインウォレットも同様で、秘密鍵を脳内で記憶しておくというものです。ニーモニック等覚えやすい形で記憶しておき、**ブレインウォレット**もまた、送金や残高確認に他のサービスを利用する必要があります。ペーパーウォレットや物理ウォレットでは秘密鍵そのものでなく、決定性ウォレットのマスタードシードを記録しておくこと場合もあります。

www.bitaddress.org のサイトで作成したペーパーウォレット

ハードウェアウォレットは秘密鍵の保管と電子署名を行う機能がセットになったデバイスです。ペーパーウォレットや物理ウォレットでは署名を行うために安全なコンピュータに一度秘密鍵を読み取らせる必要がありますが、ハードウェアウォレットは逆に署名するトランザクションを取り込み、署名を行うため秘密鍵がデバイスの外に全く出ることがありません。ハードウェアウォレットの購入コストは掛かりますが、安全性と利便性がトレードオフの関係になる他のウォレット方式に比べて、安全性と利便性の両方を兼ね備えています。

必要な署名の数での分類

「○○ウォレット」と分類されるものではありませんが、1つのアドレスで受け取ったコインを使用するのに、どれだけの署名が必要かで次のように分類されています。

- **シングルシグネチャ（シングルシグ）**
- **マルチシグネチャ（マルチシグ）**

シングルシグネチャは1つのアドレスにつき、1つの署名を要する最も一般的な形式です。スマートフォンアプリのウォレットでは殆どがこのシングルシグネチャのみが扱えるようにできています。利便性が高いですが、秘密鍵が1つしかないので複数人でコインを共同保有したい場合には共同保有するメンバーを信頼する必要が発生します。一方、**マルチシグネチャ**（詳細は3-4節「マルチシグネチャ」参照）は1つのアドレスにつき2つ以上の秘密鍵が紐付いています。複数人でコインを共同保有する場合に、それぞれが秘密鍵を共有することなくコインを共同管理できるようになるメリットがある他、一人で保有している場合においても必要な秘密鍵を異なる保存方法で保存しておくことで、1つの秘密鍵が盗まれてもコインの盗難を防ぐことができることからセキュリティ性向上のメリットもあります。但し複数個の秘密鍵で署名が必要となることから、利便性はシングルシグネチャに比べて劣ります。

ブロックチェーンのブロックをどこまで検証するかでの分類

ブロックチェーンのブロックをどこまで検証するかという視点での分類も「○○ウォレット」と呼称はされませんが、ウォレットを構成する要素で、次のように分類されます。

- **フルノード**
- **SPV**
- **サービス利用型**

フルノードはすべてのブロックチェーンデータを取得し、ブロックがマイニング要件を満たしているか、マイニング報酬額が正しいか、含まれているトランザクションが二重支払いや残高超過した利用となっていないかといった全ての検証を行います。全ての検証を行うため、他の方式と比べて最も安全です。但し、ブロックチェーンに含まれる全てのトランザクションデータのダウンロードを行って検証を行うことから、ビットコインであれば100GB近くのデータを保有する必要が発生し、検証のためにマシンパワーも使うためにスマートフォン/タブレットやその他軽量デバイスでの利用は難しく、ブロック高が高くなるほど初回のダウンロード量や検証するトランザクション数が増えることから初回使用が可能になるまでの時間も長時間かかります。

SPVはフルノードのように全てのブロックチェーンデータのダウンロードは行いません。フルノードからブロックヘッダと自身が必要とするトランザクション情報だけをダウンロードし、ブロックヘッダからマイニングが正しく行われていること及び自身の関連するトランザクションが有効なものであることの検証だけを行っています。必要なダウンロード量は極端に減る分、ブロックチェーンの完全な検証は行わないのでフルノードよりも安全性は劣ります。スマートフォンではフルノードを動作させるのが難しいため、スマートフォンアプリのウォレットで良く使われています。

サービス利用型はウェブAPI等を介して、必要な情報のみを取得する形式です。ブロックチェーンとしての検証は一切行わないため、ブロックの実在すら意識せず、APIを提供するサーバを信用して利用する方法となります。完全に必要なデータだけをダウンロードし、検証は行わないのでマシンパワーとしての計算やダウンロードの負荷は3つの中で最小ですが、セキュリティ性で他よりも劣ります。

どのようにウォレットを選べばいいのか

ここまでウォレットは様々な観点から実装法によって分類されていることを確認してきました。実際に残高の確認や送金が行えるビットコインを使う上で必要な機能が一通り揃ったウォレットでは､これら要素が組み合わさっているものです。ビットコインのウォレットで代表的なウォレットがどのような組み合わせになっているかを確認してみましょう。

- Bitcoin Core（PC）
  - ホットウォレット
  - ソフトウェアウォレット
  - 決定性ウォレット
  - シングルシグネチャ
  - フルノード

- Bread Wallet（IOS）
  - ・ホットウォレット
  - ・ソフトウェアウォレット
  - ・決定性ウォレット
  - ・シングルシグネチャ
  - ・SPV

- Trezor + MultiBit HD(PC)
  - ・ハードウェアウォレット
  - ・決定性ウォレット
  - ・シングルシグネチャ / マルチシグネチャ
  - ・SPV

Bitcoin Coreはビットコインの公式クライアントとも言えるウォレットです。フルノードで全てのトランザクションを検証していますが、ソフトウェアウォレットであるため、秘密鍵はインターネットに接続されたコンピュータのハードディスク内に入っています。Bread Walletも殆ど同様の構成で、SPVであるため、全てのトランザクションを検証しているわけではない点を除いて大きく変わりません。最後にハードウェアウォレット製品のTrezor（トレザー）とMultiBit HDというソフトウェアの組み合わせでの使用で、SPVウォレットであるMultiBit HDを使って着金の確認等のブロックチェーンデータの操作を行い、トランザクションの署名はTrezorデバイスで行う構成になっています。

ウォレットには様々な構成要素がありましたが、最も大切なのは秘密鍵をどう管理するかという点です。秘密鍵はビットコインの所有そのものを示すものであると言っても過言でなく、秘密鍵が盗まれればそれは即ちその秘密鍵に対応するアドレスのビットコインが盗まれたことを意味します。例えばフルノードとSPVではトランザクションの検証という点でセキュリティ性に差がありますが、仮にトランザクションの検証ができなくかった所でビットコインが盗まれることにはなりません。同様に決定性ウォレットか非決定性ウォレットかという点においてもバックアップのとりやすさという面での差はありますが、どちらかを選んだところでビットコインが盗まれるリスクが大きく変わるわけではありません。コインが盗まれるリスクに直結するのはまず第一にどこに保存するのか、というポイントです。秘密鍵を他人に知られることは実質的にそのコインを使用することを他人に許しているのと同じことなので、その観点ではウェブウォレットは最もセキュリティ上好ましくないウォレットです。逆に最も安全といえるのは物理ウォレットで秘密鍵を管理し、署名の必要がある際は完全にインターネットから遮断されたスタンドアロンのコンピュータで署名を行い、トランザクションの作成や配信はインターネットに繋がった別のコンピュータで行うという方法です。説明からわかる通り、基本的に安全性と利便性はトレードオフの関係になっており、安全性を取れば利便性が落ち、利便性を取ると安全性が損なわれることとなります。上記のリストの中ではハードウェアウォレットのTrezorを使ったウォレットがハードウェアウォレット内で秘密鍵が管理し、接続するコンピュータにはその情報が伝わらないようにできているため、他のビットコイン・コアやBread Walletに比べてセキュリティ性が高いと言えますが、やはり利便性と安全性を兼ね備えたハードウェアウォレットと言えども、スマートフォンアプリの利便性には劣ります。

数百円相当の仮想通貨のためにコールドウォレットや物理ウォレットを使用するのは手間がかかりすぎて不便な面ばかりが目立ってしまうこととなりますし、逆に数百万円を超える仮想通貨をソフトウェアウォレットで行うのは安全性が心配です。ブロックチェーンの登場により、インターネットは単なる情報をやり取りするものでなく、価値そのものを扱えるものになりました。秘密鍵を持ったウォレットは、財布の中のクレジットカードやキャッシュカードのように間接的に価値を引き出すための媒体ではなく、紙幣のお金そのものとも言えます。目的に合わせてウォレットを選択し、普段使いの少額決済用のソフトウェアウォレットと、高額の長期保存用にペーパーウォレットを使う等、ウォレットの併用も考えながら適切にリスク管理を行っていく必要があります。

ウォレット選択フローチャート

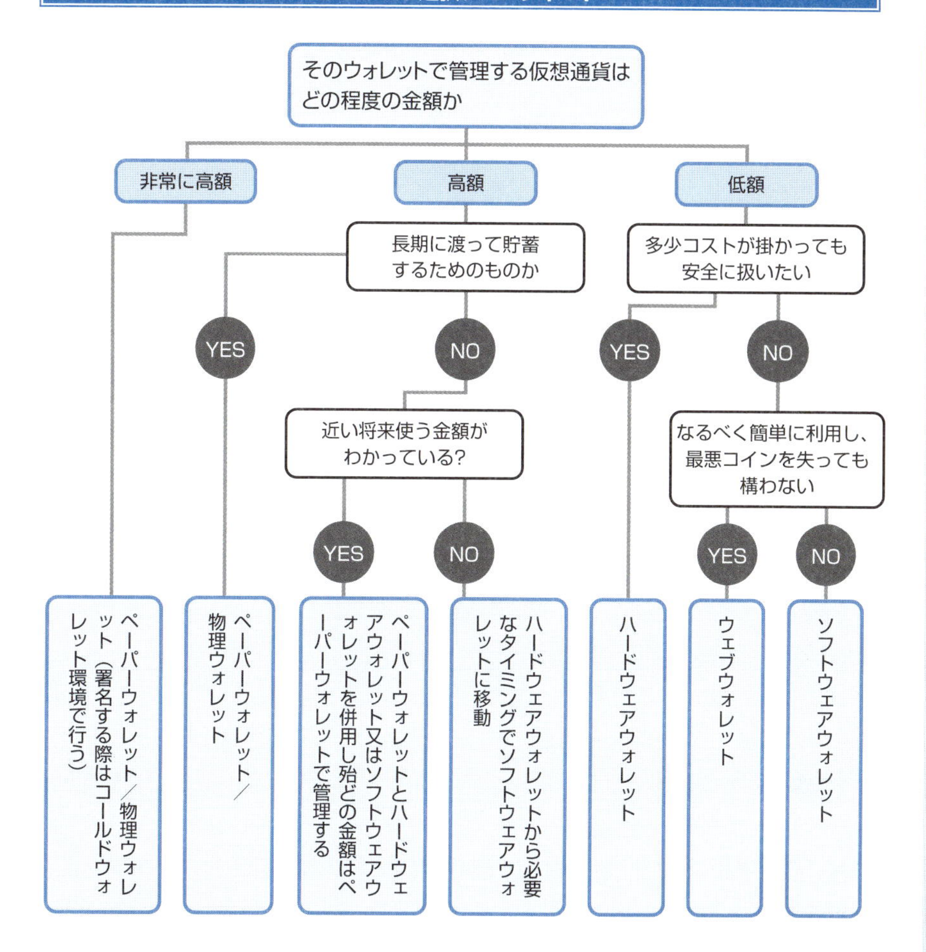

2-3

ビットコインの入手と利用

ここまででビットコインの仕組みやウォレットについていろいろとわかってきたことと思いますが、それでは実際にビットコインを入手し利用するにはどうしたらよいのでしょうか。ここではそれについて説明します。

ビットコインを入手するには

ビットコインはそのコインという響きから、例えば記念発行通貨を購入するように、何かしらの物として購入できるイメージを持ってしまいがちですが、ビットコインはインターネット上に存在する仮想通貨なので、物のようには購入はできません。実際にはビットコインの取引所に口座を開き、そこへ現実貨幣の入金をし、そしてそのお金でビットコインを購入し、それによってその取引所の自分専用のウェブウォレット内にビットコインを所有することができる、ということになります。なので、ビットコイン取引所に口座を開く手間を避けては通れません。

もちろん前述したように人から送ってもらって入手する場合には、取引所に口座を開く必要はありません。何かしらのモバイルウォレットを準備し、そこで生成した受信用ビットコインアドレスにビットコインを送ってもらうことで入手できます。ペーパーウォレットを作成し、そのビットコインアドレスに送ってもらうことでも入手はできます。それで済むのであれば口座を開く必要はありません。

それからビットコインの送金が確定するまでには、ブロックチェーンの性質上1時間くらいの時間がかかる、ということに関しても意識しておかなければなりません。相手に送金の手順を行ってもらっても、すぐに入手が確定するわけではありません。

ビットコインの取引所

ビットコインの取引所は、執筆時点では日本には7社ほどあります。単に取引所といった場合は、リアルタイムで売り買いされている場に注文を出して売り買いすることになりますが、その取引所で独自の値段を付けて販売する、販売所としての体裁も持ち合わせている取引所もあります。値段的なメリットはないと思いますが、場に注文を出して買うよりも、値段は少し高めになっていると思いますが、場に注文を出して買うよりも、値段は少し高めになっていると思いますが、場に注文を出すよりも買いやすいという面はあります。

2017年4月より、仮想通貨交換業者に関する新たな法律が施行され規制がかかることになったので、取引所がこれによりどうなっていくのかについては今後注目しておく必要があります。何かしら取引所の編成が変わってくる可能性があります。

ビットコイン以外の仮想通貨を扱っている取引所もありますので、他に扱いたい仮想通貨があるのであれば、その点にも注目してください。

ビットコインと投資

ビットコインは、直接お金をネット上でやり取りできる便利なものではありますが、日本での利用価値というのはどの程度あるのでしょうか。クレジットカードやネットバンキングそしてフェリカなどの電子マネーが普及している日本においては、現実的にはビットコインが必要となる場面は現状ほとんどない、と言えるのではないでしょうか。もちろんビットコインには、仲介者なしに直接個人間でやりとりできる良い面もありますが、実際にはやり取りするときには手数料を含める面倒がありますし、やり取りが確定するのにも時間がかかります。また価格の変動も激しいので、現状ではまだ使いづらいのではないでしょうか。

そうなるとビットコインで注目されるのは投資対象としてどうなのか、といったところになってきます。もうすでに多くの日本人にとってビットコインは投資の対象としか考えられていないのかもしれません。

ビットコイン取引所においても、単なる売買だけではなくレバレッジをきかせた（預けた金額以上の取引ができる）信用取引ができるところもあります。また未来期日の価格取引をする先物取引ができるところもあります。

このように投資の対象としての環境が整ってきているビットコインではありますが、考えてみれば確かにビットコインはあらかじめ発行金額の上限が決められていて、金（きん）と同じように希少価値が出てくる可能性があり、どちらかというと時間が経つと価値が上がってくるのではないかという期待は持てそうです。リスクはありますが、面白い投資対象とも考えられます。

ビットコインを支えるシステム

　ここまで見てきたようにビットコインは、そのソフトウェアのコアシステム、ブロックチェーンを支えるマイナー、ビットコインを流通させる取引所、そしてビットコインの利用者の４つがそろって核となり、それを支えるシステムを作っています。ソフトウェアのコアシステムがあっても、マイナーがいなければ動きません。マイナーがビットコインを採掘しても、その取引所がなければ流通しません。そしてそれを利用する利用者がいることによって、そのコアシステムの価値が認められている、という状況です。

　今後さらにこれを取り巻く環境の発展が考えられます。既にビットコインのATMも存在しますし、ビットコインで決済できるECサイトやお店も増えているようです。この流れでビットコインが増々利用されていくのか、それともそうならないのか、それを単純に予測することはできません。ただ、暗号を利用した仮想通貨という、今まで皆が扱っていなかったものに慣れるのには、まだまだ時間がかかるのではないかと思います。

ビットコインのシステム図

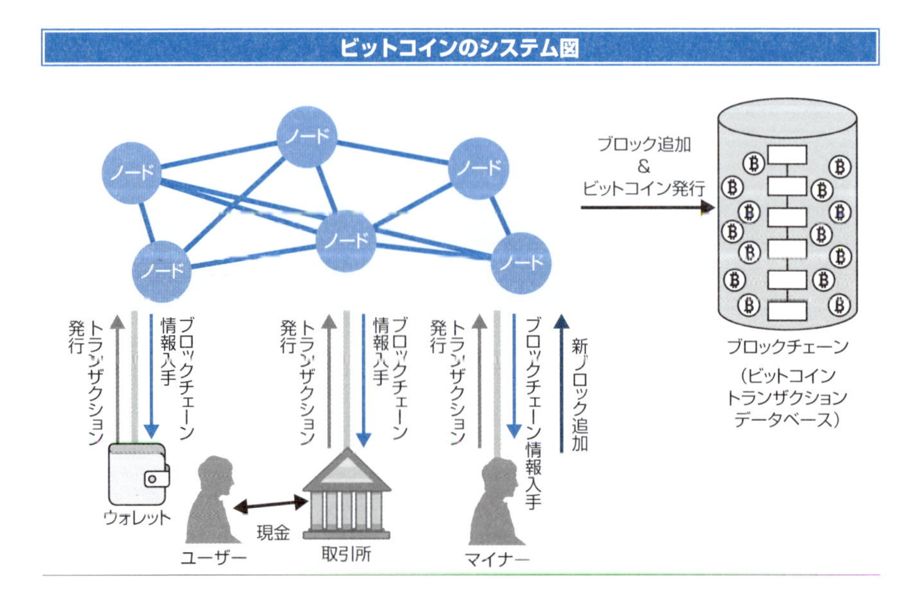

2-4

仮想通貨の広がり

ビットコインが出現しその価値が高まり認められてくると、それに似せたコインが数多く作られるようになりました。ここではそれらについて見ていきたいと思います。

ビットコインシステムを元にしたもの

ビットコインはオープンソースソフトウェアとして開発されており、ソースコードがインターネット上に公開されているので、それを元にすれば、ビットコインを真似したコインを作ることが可能になっています。

もちろんソースがあるからと言って、それを理解するのにはやはりそれなりの技術的な知識が必要となりますので、簡単とは言えません。ただ、新たに作ったコインがビットコインのように価値が上がってくれば、開発者として初期段階にある程度のコインを取得することが可能になりますので、その資産取得を目的に開発に力が入るわけです。

ビットコインを作ったサトシ・ナカモトは、約100万BTCを所有しているとみられていますが、これは1BTC＝20万円で換算すると2,000億円にもなっています。

また新しいコインを作るにあっては、ビットコインとまったく同じでは意味がないので、何らかの変更が施されています。ビットコインには総発行枚数（2,100万枚）やブロック生成にかかる時間(約10分)、あるいは暗号化のアルゴリズムなど、変更が可能な部分が見て取れますので、そこを変更するとよりよくなるのではないか、という改善を試みるという意図もあるようです。

オルトコイン（Alternative Coin）

このようにビットコインの後に作られた仮想通貨を、総称して**オルトコイン**（あるいは、**アルトコイン**）と呼んでいます。これは**Alternative Coin**の略称で、訳としては「代わりとなるコイン」です。ビットコインの代わりとなりうるコインという意味です。元として使えるソースコードがあるので、このオルトコインはいろいろと作られていると思いますが、現在では仮想通貨は700種類以上あると言われています。

以下いくつかの主要オルトコインについて説明します。

Litecoin

Litecoinは、2011年の10月に公開された仮想通貨で、ブロックの生成間隔が約2.5分とビットコインの4分の1の時間に短縮されています。これによりトランザクションの処理効率を上げているわけですが、ブロックが伸びるスピードが上がり、データ量が早く増えるということもそれに伴って起きます。ブロック生成間隔の短縮（1/4）に対応するかのように、総発行枚数が8,400万枚とビットコインの4倍になるように設定されています。暗号化アルゴリズムがSHA-256ではなく**Scrypt**と呼ばれるものに変更されています。当初はScrypt用の専用チップ（ASIC：Application Specific Integrated Circuit、特定用途向け集積回路）は開発しづらいされており、ビットコインのSHA-256専用チップのような専用チップによるマイニングができず、より公平なマイニングができる状況でしたが、今ではScrypt専用のチップも開発されています。

Dogecoin

Dogecoinは2013年の12月に公開された仮想通貨で、ブロックの生成間隔が約1分と短縮されています。また総発行枚数の限定がなく、上限なく発行される仕組みになっています。上限なく発行されるので、貨幣としての価値が上がりにくいと言えるかもしれません。暗号化アルゴリズムはLitecoinと同じScryptになっています。これによりLitecoinとDogecoinのマイニングを同時に行うマージマイニングが可能になっています。

Monacoin

Monacoinは日本初の仮想通貨で、2014年の1月に公開されています。総発行枚数が1億512万枚と決められており、ブロックの生成間隔は約1.5分に設定されています。暗号化アリゴリズムとして当初はScryptを採用していましたが、途中でLyra2REv2というアルゴリズムに変更されました。ScryptのASICが開発されてしまったために、さらにASICが作りづらいとされるLyra2REv2に変更されたものと思われます。

仮想通貨の流通状況

新たな仮想通貨を作ったからと言って、それがすぐに広まるわけではありません。何であれそうですが、利用者の支持を得なければそれは流通しないのです。支持を得るためには、そのコインのシステム全体が信頼できるものでなければなりません。そのコインの信頼性のバロメーターの1つになるのが、取引所で扱える仮想通貨かどうかです。

現状の日本の取引所で扱っているオルトコインの種類は20種類弱ありますが、すべての取引所で扱われているコインはビットコインのみで、オルトコインは各取引所が個別でいくつか扱っているといった程度のものです。また仮想通貨全体の総資産額のシェアはビットコインが執筆時点では過半数を占めており、他を圧倒しています。こういった点から、いろいろと作られているオルトコインではありますが、なかなか思うようには広まっておらず流通していない、というのが実情です。

日本における仮想通貨の使途が、値上がりを期待した投資、のような状況でもありますし、プルーフオブワークの性質上、マイナーを多く集められなければセキュリティの面で懸念点が残ることからも、オルトコインが流通しないのもうなずけます。貴金属においても資産として人気があるのは「金（きん)」が圧倒的なので、その状況と似ている感じがします。

仮想通貨の種類

世の中に出回っている仮想通貨に、どんなものがあるのかを知ることのできるサイトに、「CryptoCurrency Market Capitalizations（暗号通貨の時価総額)」(http://coinmarketcap.com/）があります。このサイトでは、各仮想通貨の総資産額による順位が一覧で見ることができます。全体で700種類以上の仮想通貨がリストアップされています。

価格変動のグラフなども見ることができるので、各通貨の人気の上昇下降を確認することができます。仮想通貨を購入する場合には参考となるサイトです。

仮想通貨総資産 Top10

#	Name	Market Cap	Price	Circulating Supply	Volume (24h)	% Change (24h)	Price Graph (7d)
1	Bitcoin	$46,260,416,906	$2824.71	16,377,050 BTC	$1,663,510,000	-0.58%	
2	Ethereum	$23,939,742,774	$259.44	92,276,102 ETH	$587,924,000	0.96%	
3	Ripple	$10,828,325,706	$0.280369	38,621,693,933 XRP *	$109,191,000	-3.05%	
4	NEM	$2,048,913,000	$0.227657	8,999,999,999 XEM *	$10,833,500	-0.39%	
5	Ethereum Classic	$1,570,903,757	$17.01	92,365,897 ETC	$72,612,700	-3.22%	
6	Litecoin	$1,542,847,819	$29.99	51,447,982 LTC	$271,761,000	-2.33%	
7	Dash	$1,076,301,946	$146.48	7,347,824 DASH	$48,883,400	0.09%	
8	Stratis	$1,066,718,249	$10.84	98,414,821 STRAT *	$19,250,900	4.55%	
9	Monero	$801,334,590	$54.93	14,587,570 XMR	$52,148,800	4.82%	
10	Steem	$551,438,240	$2.35	234,165,314 STEEM	$52,931,400	37.65%	

出典：CryptoCurrency Market Capitalizations（http://coinmarketcap.com/）

2-5 ビットコインからブロックチェーンへ

ビットコインが出始めた最初の頃は、その裏方で動くブロックチェーンに関してはあまり意識されてはいませんでした。しかし、現在ではその裏方であるブロックチェーンが注目されてきています。ここではビットコインとそのブロックチェーンとの関係を改めて整理したいと思います。

ビットコインとは

ビットコインは、前述したようにおよそ10分おきにインターネット上で継続的に発行される電子的な仮想通貨で、その発行総量があらかじめ決められているものです。

通貨のやり取りは、インプット（コインの出どころ）とアウトプット（コインの行き先）を指定したトランザクション（取引）情報の連鎖を、書き換えをせずに書き足していくだけの記録で、整合性を保つように考えられています。

ビットコインの所有者情報というのは特に記録されるわけではなく、公開鍵暗号方式とその電子署名機能を利用して、コインを使うために満たさなければならない条件の定義（3-4節「アドレスは使用可能条件定義」参照）だけが記録されています。UTXO（未使用のトランザクションアウトプット）として記録されている、まだ使われていないビットコインを次に使うには、アウトプットとして記録されている、送り先のビットコインアドレスに対応した秘密鍵でトランザクションに署名を行う必要があり、結果的に秘密鍵を知っている人をビットコインの所有者とみなすことが出来る仕組みになっています。

ビットコインの貨幣としての一番の特徴は、相手に保有しているという情報ではなく、その価値そのものを直接電子的に渡す（所有権を与える）ことができ、しかも電子的であるがゆえにインターネット上で扱うことができるので、物理的な場所に制限されず世界中でやり取りができる、というところにあります。

ブロックチェーンとは

詳細は3-6節「ブロックとブロックチェーン」で説明しますが、ブロックチェーンはおよそ10分おきにブロックという複数のトランザクションをまとめたデータを作成し、直前のブロックのハッシュ値を埋め込むことにより、お互いを関連付けたデータベースです。これにより途中のブロックを書き換えようとすると、それ以降のブロックもハッシュ値の整合性の連鎖を保つために、変更しなければならなくなってしまうので、書き換えが難しい構造になっているデータベースです。

ビットコインのブロックチェーンで特徴的なのは、このブロックチェーンのブロック追加および維持作業を行っている人たちが、ビットコインを開発した会社の社員とかそういった形で仕事をしているわけではなく、まったく独立して自分達の意志でマイニングを行っているところです。国や国境の制限とか組織の制限とかそういうことには縛られていないというところです。これはビットコインのシステムがオープンソースの文化の上に成り立っていることの証です。

ビットコインとブロックチェーンの関係

ビットコインブロックチェーンの主たる役割は、(コイン取引の) データの保存なのですが、このブロックチェーンにコイン取引以外のデータ保存をやらせることができるのではないかと考えるのは、いたって普通の考え方だと思います。

では、ビットコイン部分とブロックチェーン部分を分けて扱うことができるのでしょうか。

ビットコインはブロックチェーンの上に乗っかっているものであり、ブロックチェーンの堅牢性や改竄不能性の恩恵を受けているので、ビットコインはブロックチェーンありきで成り立っています。では逆にブロックチェーンはビットコインなしで存在しうるものなのかどうかについてですが、この点は単純ではありません。なぜなら、ビットコインのブロックチェーンはマイナーによって維持されており、そのマイナーはビットコインを報酬として受け取っているからです。

マイナーがマイニング処理を行うには、多くの電気を必要とするので、少なくともその電気代に見合う報酬が得れなければ、マインイングを行う意味がありません。なので報酬となるビットコインがなければマイニングが行われず、ブロックチェーンが維持できなくなってしまうと考えられます。

　このように見ると少なくともビットコインのブロックチェーンは表裏一体の切っても切れない関係であるといえます。

ブロックチェーンの意味の広がり

　このように元々のブロックチェーンはビットコインと共に生み出されたものなのですが、最近ではいろいろな意味で使われるようになってきており、単にブロックチェーンという言葉が使われている場合、どういう意味で使われているのか、注意して考えてみる必要があります。

　元々のブロックチェーンは、定まった管理者がいない非中央集権のシステムで、インターネット上で誰でもが参加できるオープンなものです。しかし、そうではなく中央集権的で参加者が限られてしまうシステムでも、ブロックチェーンという言葉が使われるようになってきています。

ブロックチェーンの分類

　意味が広がってきているブロックチェーンですが、いろいろと分類が行われています。広く定まった分類というのはまだ確定していない状況ですが、代表的な分類表を載せておきます。

ブロックチェーンの分類表

<table>
<tr><th>分類</th><th colspan="2">名前</th><th>説明</th></tr>
<tr><td rowspan="2">I</td><td colspan="2">パブリック型</td><td>管理団体がいないオープンなブロックチェーン</td></tr>
<tr><td colspan="2">プライベート型</td><td>管理団体がいるクローズドなブロックチェーン</td></tr>
<tr><td rowspan="3">II</td><td colspan="2">パブリック（自由参加）型</td><td>管理団体がいないオープンなブロックチェーン</td></tr>
<tr><td rowspan="2">許可型</td><td>コンソーシアム型</td><td>許可された複数の団体に管理されるブロックチェーン</td></tr>
<tr><td>完全プライベート型</td><td>単一の団体に管理されるブロックチェーン</td></tr>
</table>

2-6

ブロックチェーンの問題点

ビットコインのブロックチェーン自体は今のところ致命的なつまずきもなく動き続けていますが、問題がないわけではありません。ここではビットコインブロックチェーンの問題点にフォーカスし、見ていきたいと思います。

スケーラビリティ問題

ビットコインのブロックチェーンで現在最も問題とされているのが**スケーラビリティ**の問題です。ここで言うスケーラビリティは、トランザクションの処理量の拡張性のことです。

現状のブロックチェーンでは、ブロックサイズが1MBに制限された上で、ブロック生成間隔が約10分という設定なので、おのずと一定時間に処理できるトランザクションの数が限定されてしまっています。実際の数値（3-5節「ビットコインのトランザクションの処理性能が秒間7件と言われる理由」参照）とは異なりますが、理論値最大で7件／秒というのがそのパフォーマンスと言われています。これは決して高い処理能力とは言えず、多くのトランザクションが同時に集中すると、タイムリーに処理できず、滞留するようになってしまい、利便性が損なわれてしまうのです。

現状のビットコインシステムは、この拡張性（スケーラビリティ）に関する問題に簡単には対応できず、いくつかの提案を受けて、その方向性を模索している状況です。

ビットコインを今後さらに広めていくためには、このスケーラビリティの問題を何とかクリアしなければならない、と考えられます。

SegWit

必ずしもスケーラビリティの問題対応のために作られたわけではないようですが、現在**SegWit**と呼ばれる機能が組み込まれたビットコイン・コアのソフトウェアが、オリジナルのビットコインコアコミュニティーのメンバーに支持された形で作られ配布されています。SegWit機能自体は組み込まれた形にはなっていますが、この機能はまだオフ状態になっており、承認されればオンにするという状態になっています。

SegWit（Segregated Witness）は、ビットコインのトランザクションデータのフォーマットを整理して、ソフトウェア的な互換性を保つ方向でトランザクションの処理数を増やすという対処です。この整理がなされれば、その後の対処もまたやりやすくなる、という発展性も考えられているようです。トランザクション展性（Transaction Malleability）と呼ばれている、同じ取引内容のトランザクションを複数存在させ得る、というビットコインが現状持っている脆弱性の対処も施されています。

SegWitのようにこれまでの仕組みとの互換性を考慮し、その延長線上で機能拡張する対処方法は**ソフトフォーク**と呼ばれています。

SegWit機能をオン状態にするためには、95%以上のマイナーの賛成が必要とされることになっていますが、現状ではまだその賛成は得られていません。ビットコインのシステムが非中央集権的な形となっており、確固たる管理者がいないので、システムを変更するにあたっては、スムーズには行かないというのが現実です。このまま支持されずに時間が経ってしまうと、この案は廃案になってしまいます。

Bitcoin Unlimited

スケーラビリティの問題への対処として、**Bitcoin Unlimited**というグループが、ブロックサイズの上限1MBというのを撤廃し、状況に応じダイナミックに上限を設定しようという考えのもとに作られたバージョンのソフトウェアを作成しています。これも多くのマイナーから支持を受けているようで、実際に採用される可能性もあるようです。

ただし、Bitcoin Unlimitedの開発したソフトウェアは、ブロックサイズの上限を1MBとするそれまでのソフトウェアとの間で処理の互換性がなくなってしまうため、ブロックチェーンが分岐して別物ができてしまう状況を作ってしまいます。このように、ブロックチェーンの新たな分岐を作ってしまうような対処方は**ハード**

フォークと呼ばれています。

このようなある意味過激な対処に関しては、ビットコイン取引所からの反発もあるようで、このようなハードフォークが行われた場合、新たなブロックチェーンでの通貨は取引所では扱わない、といった事前表明も取引所からはなされているようです。Bitcoin Unlimitedの対応方法は、マイナーにとってはSegWitより多くの手数料が期待できる修正なので、マイナーから支持されているとも言われています。この問題が今後どうなるかは、現時点では予測できません。

取引確定まで時間がかかる

ビットコインのブロックチェーンは約10分毎にブロックが追加されることになっており、最低でもその時間を待たなければ取引が確定しません。この10分という時間がネックになり、そのままの形では気軽な買い物にビットコインは使いづらいという状況になっています。

プルーフオブワークのエネルギー浪費

ビットコインのブロックチェーンの仕組みでは、ひたすらCPUを回してハッシュ計算をするプルーフオブワークの処理が必要となりますが、非常に多くの電力を消費してしまいます。生産的とは言えないハッシュ値の計算で、膨大な電力を消費するのは、エネルギーの無駄遣いとも考えられます。

匿名性の弱さ

ビットコインブロックチェーンの取引の流れは、直線的に追うことができるので、一旦その所有者がわかってしまうと、その流れもわかってしまいます。取引ごとに異なったアドレスを使うことにより、わかりづらくはできますが、匿名性が高いとは言えない状況です。

ただし、匿名性が高いとマネーロンダリング等でビットコインを悪用される可能性も高まります。

データの肥大化

単純な話ですが、ビットコインのブロックチェーンは取引履歴の全データをそのまま公開している状態なので、時間と共にデータがどんどん大きくなるという問題を持っています。

ビットコインブロックチェーンの問題点一覧

No.	問題点	説明
1	処理できる取引数に限界がある（スケーラビリティ）	高々７件 / 秒の取引しか処理できない
2	取引確定まで時間がかかる	約 10 分経過しないと取引が確定しない
3	プルーフオブワークはエネルギーを浪費する	計算処理に多くの電力を浪費する
4	取引の匿名性が低い	取引の流れが追いやすい
5	データ量が肥大化する	常にデータが追記され肥大化する

2-7

ブロックチェーンの広がり

言葉の定義が広がってきてしまっているブロックチェーンではありますが、ビットコインシステムが出現してから、ブロックチェーンが関わる世界はどのように広がってきているのか、いろいろなブロックチェーンについていくつか見ていきます。

ビットコイン2.0（ブロックチェーンX.0）

ビットコインがオープンソースであったために、それを真似ていろいろなコインが作られたことについては既に説明しましたが、このビットコインの技術を利用して、単なる通貨ではないほかの機能を持たせる試みがなされるようになってきました。こういった新たな試みの動きに対しては、当初は**ビットコイン2.0**と呼ばれていましたが、通貨以外の機能を持たせるためにコインという言葉を使わずに、**ブロックチェーン2.0**という呼び名が使われるようになりました。今ではその先の応用に対して**ブロックチェーン3.0**という呼び名も出てきています。呼び方はともかく、広い範囲でブロックチェーン技術の応用が活発に模索されています。

ビットコインブロックチェーンの利用

ビットコインのブロックチェーンそのものを利用した、新たなサービスも開発されました。例えば、**カラードコイン**（Colored Coins）というのは、ビットコインの取引データの一部（3-5節「OP_RETURN」参照）に追加情報を書き込むことにより、独自の仮想通貨を表そうという試みで、それにより金・株式・証券あるいはほかの資産の取引も可能にしようとするものです。

カウンターパーティー（Counterparty）というプロジェクト（4-3節「Counterparty」にプロジェクトの詳しい説明があります）では、同様にビットコインの取引データの一部を使い、独自の仮想通貨（独自トークン）の作成や売買が、カウンターパーティー用のウォレットを利用することにより可能となります。また、独自のプログラミング言語の実行環境も実現しているので、単なる資産の記録だけではなく、契約とその履行などの機能を持たせることができます。Bets（賭け）という機能もあり、賭けと結果の分配がブロックチェーン上でシステマティックに行われる仕組みになっています。

サイドチェーン（Sidechains）

サイドチェーンという、ビットコインブロックチェーンを親チェーンとして、それと連動させて利用するブロックチェーンを作るというプロジェクトも出てきました。これは、オルトコインがビットコインを改良して実現しようとしていた、取引確定時間の短縮や匿名性の確保などを、ビットコインブロックチェーンの世界の中で実現させせようとする試みでもあります。具体的にはLiquidやRootstockというプロジェクトが活動しています（4-5節「Rootstock」参照）。

スマートコントラクト（Smart Contract）

先ほどのカウンターパーティーの説明で、ブロックチェーン上で実行されるプログラムについて触れましたが、あらかじめ条件とその条件が満たされたときに行われることを決めておき、それを実行するプログラムをブロックチェーン上に登録し、条件が満たされたときにそのプログラムを自動的に実行させる、こういった機能は**スマートコントラクト**と呼ばれています。スマートコントラクトは直訳すると「賢い契約」といった意味になりますが、契約を履行するかしないかの判断を人がするのではなく、あらかじめ登録したプログラムで自動的に判断し実行させてしまう、というイメージです。詳細については4-2節「スマートコントラクト」で説明します。

コインではなくこのスマートコントラクトの運用プラットフォームとして有名なプロジェクトに、**イーサリアム**（Ethereum）があります（4-2節「Ethereum」参照）。イーサリアムは、独自のブロックチェーンを持っており、そこでは**イーサー**（Ether）と呼ばれるコインが使われています。ビットコインと同様にマイナーがいて、マイニングによりイーサーを得るという形になっていますが、ブロックチェーン上で扱うものとして、初めからスマートコントラクトの情報を対象としている、という特徴があります。これによりイーサリアムは、スマートコントラクトのプラットフォームと分類されています。

独自ブロックチェーン

イーサリアムと同じように、独自のブロックチェーンを持ちながら仮想通貨以外の機能を持たせたプロジェクトもいろいろとあります。NEMというプロジェクトではXEMという独自通貨が発行されており、ユーザー独自通貨の発行やメッセージ送信あるいは登記ツールとして利用できるように開発が進められています。

非パブリックなブロックチェーン

元々のビットコインブロックチェーンは、誰でもがそのネットワークに参加できるパブリックなものなのですが、ブロックチェーンの技術を使いつつもネットワークへの参加が許可制（Permissioned）になっているものも作られるようになりました。このように非パブリックな形になってしまうと、元々の特徴である非中央集権的な面（特定の管理者がいない）も削がれてしまうのですが、そんな中でも何かしら有効なシステム形態が作れないだろうかという試みが進められています。非パブリックなブロックチェーンのシステムとして有名なのが、Hyperledgerプロジェクトというオープンソースのプロジェクトです。

Hyperledgerは The Linux Foundationのプロジェクトであり、IBM、Intel、富士通、日立製作所、アクセンチュア、J.P.モルガン等の大企業が名を連ねて創設されています。詳しくは4-4節「Hyperledger Fabric」で紹介しますが、代表的なプロジェクトとしてはIBMが主体となって開発しているFabricがあり、近々v1.0がリリースされることになっています。オープンソースなので、誰でも試しに使ってみることができます。

Lightning Network

ビットコインは、少額の支払いには向いていないと考えられています。取引の確定に最低10分はかかってしまいますし、少額のやり取りにもその都度手数料を必要とするからです。これを解決する方法として考えられているのが、ブロックチェーンの外（**オフチェーン**）で取引を行う技術で、Lightning Networkというプロジェクトで開発が進められています。すべての取引をブロックチェーン上（**オンチェーン**）で行うのではなく、あるまとまった金額をブロックチェーンから取り出し、そのお金をオフチェーンの世界で使いまわし、ある時点での状態をまたブロックチェーンに戻す、といった考え方で作られています。

政府機関でのブロックチェーン技術の利用

いろいろな国が政府機関でのツールとしてブロックチェーンの技術を利用しようとしている事例も出てきています。IT立国を目指す北欧のエストニアでは、国の各省庁のデータベースをピアツーピアで繋ぎ、そのセキュリティをブロックチェーン技術で守る仕組みが構築されているようですし、ジョージア（グルジア）国でも土地の登記サービスなどをブロックチェーンの技術を取り入れ、構築しようとしているようです。この他にもドバイ、ウクライナ、ベルギー等の政府の取り組みがニュースとしてあります。各国の政府は、民間のブロックチェーン開発企業との協力を元に、利用の実験を進めている様子です。

第3章

ビットコインとブロックチェーンの基礎技術

第3章ではビットコインのブロックチェーンを理解するため、公開鍵暗号やハッシュ関数、P2P等のビットコインを構成する基礎技術とブロックチェーンの技術的仕組みを確認していきましょう。

3-1

P2P ネットワーク

P2P とは Peer to Peer の略語で、複数のコンピュータ間で通信を行う際のアーキテクチャの一つです。ネットワークに参加するコンピュータ（Peer）が対等な立場で情報をやりとりします。

既存のほとんどのインターネット上のサービスはサービス提供者（サーバー）に対して利用者（クライアント）がリクエストを送り、それに応じてサーバーがデータを返却する形で提供されています。それに対して P2P は全く異なるアプローチでのサービス提供を行います。

従来の形であるクライアント・サーバー型

P2Pに対置する概念として**クライアント・サーバー型**の通信があります。ウェブサイトやサービス等の提供を行っているコンピュータをサーバーと言い、このサーバーに対して利用者であるクライアントが通信を行います。ウェブサイトやメールサービス、オンラインゲーム等、既存の殆どのインターネットサービスがこのクライアント・サーバー型です。すべての利用者がサーバーに対して通信を行う形になっているので、利用者同士が直接繋がることはありません。

クライアント・サーバー型

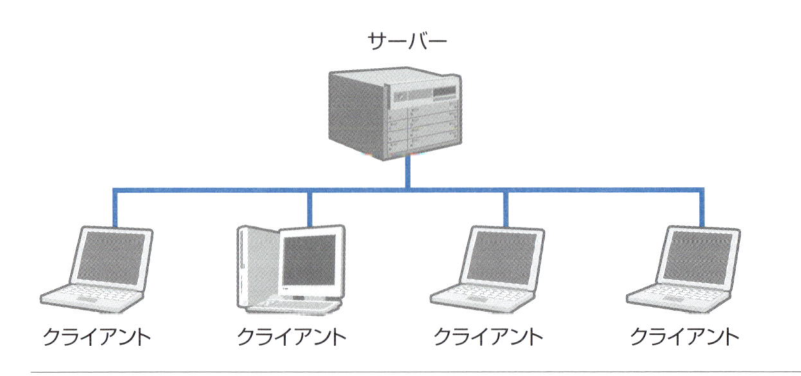

動画配信サイトのYouTubeを例に取ると、利用者がサーバーに自身の作った動画をアップロードし、別の利用者がその動画をサーバーからデータを受け取りながら閲覧しています。サーバーという常に利用者からの要求に応えることのできるサーバーがインターネット上で稼働し続けることで、動画を見てもらいたい人が常にネットワークに接続した状態で待機して、要求がある度に動画データを送るといったことをせずに済みます。

一度サーバーにデータをアップロードさえすれば、自分はオフラインの状態になっていても自分の動画を様々な人に見てもらうことができます。

また、利用者がどれだけ増えても、必ずサービス提供者のサーバーを介してサービスが提供されます。ですので配信元であるサーバーの変更を行うことでサービスのアップデートや変更を行えます。利用者は異議や不満を唱えることはできますが、本質的にサーバーのサービスを享受しているだけなのでサーバーに変更が入れば受け入れるしかありません。サービスのアップデートや変更のみならず、サービスの停止においても同じことが言えます。サービスの全ての動作がサーバーを介して行われるので、サーバーがサービスを取りやめたり、停電等で一時停止すれば、全利用者がサービスの利用ができなくなります。

P2P

P2Pはクライアントーサーバー型とは異なり、**Peer**と呼ばれる端末のみで構成されます。Peerはサービス利用を行うクライアントと提供を行うサーバーの両方の役割を果たします。P2Pを介して利用するサービスの場合、利用するためにPeerで参加することは同時にサービスの提供者として参加しているということになるのです。

クライアント・サーバー型では常にサーバーに対してのみの接続を行っていましたが、P2Pでは参加者が各自やりたいことが終わればネットワークから切断してしまうかもしれないので、P2Pでは一般的に複数台のコンピュータと接続します。

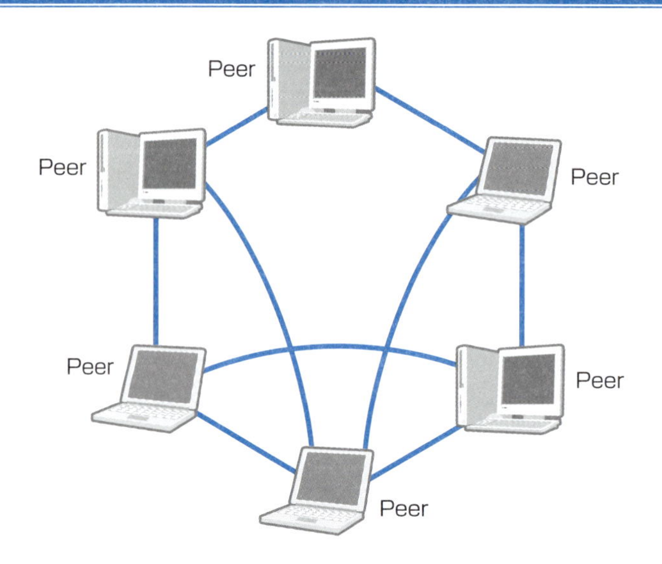

複数のPeerそれぞれがサービス提供者であり利用者であるため、アップデートや変更を行う場合は、Peer参加者がそれぞれでプログラムの更新を行うなど、参加者の同意を得て更新していく必要があります。クライアント・サーバー型でいうサーバーに相当する依存する存在がないため、特定のPeerが切断してもサービスの提供が止まることはありません。参加者それぞれが平等な立場であることからP2Pは**非中央集権的**な概念であると言えます。

サーバーを持たずに直接利用者同士で繋がって、特定のコンピュータに全通信記録が集約されるといったことがないので、古くは**Winny**や**BitTorrent**といった匿名性を謳ったファイル共有のサービスで使われていました。最近ではSkypeやGoogleのハングアウトなど、通話サービスでも部分的にP2Pが使われています。

フルノードサーバー

ビットコインブロックチェーンではブロックチェーンのP2Pネットワーク内の全ブロックデータを保有・検証している参加者のことを**フルノードサーバー**と言います。現在広く使われているスマートフォンアプリのウォレットは**SPVクライア**

ント呼ばれるものです。

SPV クライアントはフルノードサーバーからデータを部分的に送ってもらい、ビットコインの機能を利用しています。SPV クライアントは、フルノードの下にぶら下がる形で成り立っています。

ブロックチェーンのP2P ネットワークを構成する上で真の参加者と呼べるのは全ブロックデータを保有し、ブロックやトランザクションの検証を行っているフルノードサーバーのみです。

ビットコイン～ P2P ネットワークで他の Peer を見つける方法

P2P ネットワークには絶対的な接続先が存在しません。

P2P ネットワークでは参加者が皆平等で、ネットワークから離脱することやバージョンの更新を拒絶することもすべてそれぞれのPeerの自由です。よって新たにP2P ネットワークに参加する際に他のPeerを探すのに工夫が必要です。

ビットコインでは次のような手順で他のPeerを探します。

1. 前回接続時の接続先のPeerに接続を試みる。
2. 初回接続時や前回接続していたPeerが停止していた場合は、**DNS seeds**と呼ばれる現在動作しているPeerのリストを提供しているサービスに対して問い合わせを行い、得た接続先に接続を試みます。
3. DNS seedsからも接続先が見つけられない場合は、プログラム内に埋め込まれた古くから動作し続けているPeerのリストに対して接続を試みます。

3-2

公開鍵暗号方式と電子署名

今日では一般的に使われるようになった公開鍵暗号による電子署名は、インターネット上で身分を証明するための仕組みで、この仕組みを使ってビットコインでのコインの所有の証明を行っています。

インターネットにおける暗号化とは

ＡさんがＢさんとインターネットを経由して情報のやり取りを行うとします。ＡさんとＢさんはやり取りする情報が機密性のあるものであるため、暗号化して第三者にやり取りしている情報を知られないように情報の伝達を行いたいと考えています。

もしこれが現実世界でのやり取りであれば、Ｂさんに届けるまで人に見られないようにＡさんが慎重に届ければ良い話ですが、インターネットの世界では直接ＡさんとＢさんのコンピュータが繋がっていることはまずあり得ません。

ＡさんとＢさんはインターネット上にクモの巣状に存在する複数のコンピュータを中継して繋がっています。これを利用して情報を送信することになるため、中継してもらうサーバー経路のどこかで送信している情報が盗み見られる可能性は必ず発生してしまいます。そのため、第三者に情報の盗み見をされることなく、情報のやり取りを行うために送りたい情報を暗号化し、送りたい対象者であるＢさんのみがそれを復号化できるようにして、経路の途中でデータが盗み見られても問題ないようにするために暗号化技術が使われています。

公開鍵暗号

前述の通りインターネットを通じたすべての情報は盗み見られてしまう可能性があります。そのため、情報を本当に送りたい対象者に対して暗号化されたデータを復号化するための鍵を教えようとしても、その鍵を伝える通信も盗み見られる可能性があります。

そこで使われるのが**公開鍵暗号**という技術です。公開鍵暗号は**秘密鍵**と秘密鍵から導き出される**公開鍵**のペアになる２つの鍵を用いてこの問題を解決します。

秘密鍵や公開鍵は名前に「鍵」と付いてはいますが、実際はパスコードのような数値です。また、公開鍵は秘密鍵から作られますが、公開鍵から秘密鍵の予測が困難である必要があります。

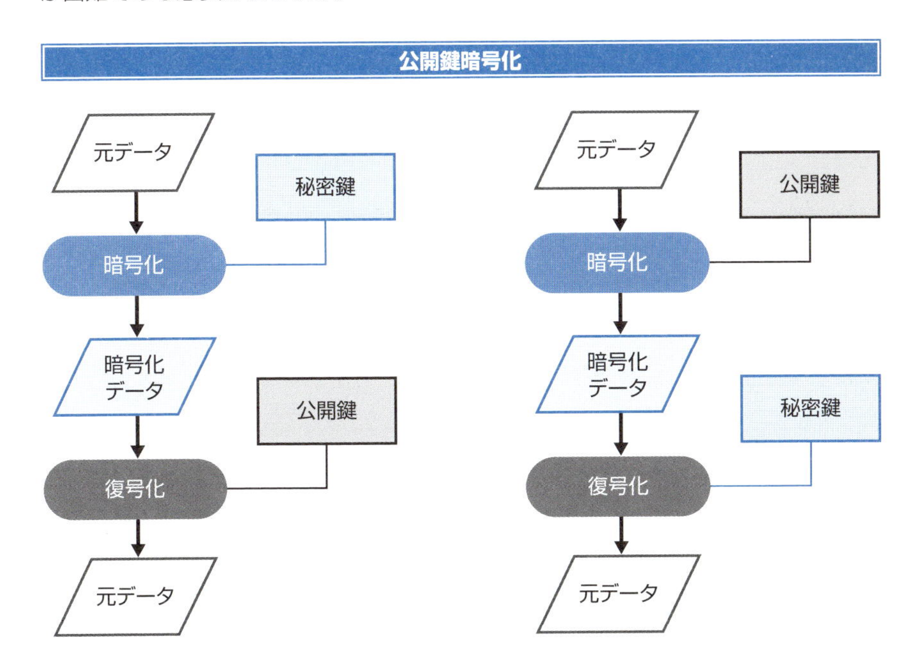

秘密鍵と公開鍵はそれぞれ対応しており、１つの秘密鍵に対して１つの公開鍵が存在し、それぞれの鍵で暗号化、復号化ができ、次のような特性を持ちます。

- **秘密鍵で暗号化したデータは公開鍵でしか復号できない。**
- **公開鍵で暗号化したデータは秘密鍵でしか復号できない。**

つまり、公開鍵しか持っていない人は秘密鍵を持っている人が復号できるデータの暗号を作成することはできますが、秘密鍵がない限り、自分で暗号化を行ったデータですら復号することはできません。

これによりAさんがBさんに暗号で情報を伝えたい場合に、Bさんに秘密鍵、公開鍵を用意してもらった上でAさんに公開鍵をインターネットを通じて渡し（この時点で公開鍵が盗み見られても構わない）、Aさんが送りたい情報をBさんから受け取った公開鍵で暗号化してBさんに送り、Bさんは手元にある秘密鍵で復号化するということが可能になります。

電子署名

電子署名はインターネット上で自身を証明する署名（サイン）のことです。通常、ウェブサイトを提供するサーバーは秘密鍵をサーバー内部に保有し、公開鍵を閲覧者に送付しています。ウェブサイトの閲覧者はサーバーから受け取った公開鍵を使って、例えば個人情報等の盗み見られたくない情報を暗号化し、サーバーに送信しています。

前述の通り、公開鍵暗号は公開鍵で暗号化されたものを秘密鍵で復号化できるだけでなく、逆に秘密鍵で暗号化されたものを公開鍵で復号化できるという性質を持ちます。

そして一度秘密鍵を定めれば公開鍵は秘密鍵から算出されるものとなります。但し、導き出された公開鍵から逆にその元となった秘密鍵を得ることはできません。

電子署名はこの一般的なインターネット上での公開鍵暗号の使われ方を別の視点で利用したものです。

電子署名では秘密鍵を使って暗号化を行います。予め身元を証明したいウェブサーバー等を公開鍵を事前に信頼できる所で公開しておきます。その上でクライアントに対して通信を行う際に秘密鍵で何らかのデータを暗号化し送付します。秘密鍵で暗号化されたデータは公開鍵でのみ復号化することができる性質から、副次的に受け取った情報を公開鍵で復号化できるということは、その暗号状態を作り出した人は対になる秘密鍵を保有していることの証明になります。

この暗号化されたデータは秘密鍵の保有者であることの証明になることから、電子署名と呼ばれています。

ビットコインブロックチェーンでは、公開鍵をアドレスとして銀行口座のように使用し、使用する際に電子署名で利用しようとしている公開鍵に対応する秘密鍵の保有の証明を行うために使用されます。

楕円曲線DSA（ECDSA）

秘密鍵、公開鍵のペアを使った電子署名には様々な種類が存在します。秘密鍵から公開鍵を作ることができ、公開鍵からは秘密鍵が予測できないという性質を持つ数学的関数が使われており、有名なものでは**RSA暗号**という大きな数字の素因数分解が困難であることを利用したものがあります。

ビットコインブロックチェーンでは**楕円曲線DSA**という楕円曲線暗号が使用されています。楕円曲線暗号は楕円曲線の離散対数問題の困難さを利用しており、ビットコインでは米国国立標準技術研究所（NIST）によって策定されている**secp256k1**という楕円曲線を利用しています。

3-3 ハッシュ関数

ハッシュ関数はビットコインブロックチェーン技術の中でも最も重要で多用されている技術です。ハッシュ関数の意味や特性について確認してみましょう。

ハッシュ関数とは？

ハッシュ関数はあるデータを入力として受けとり、その入力から固定の長さの数値を出力する計算手順です。出力される結果は入力されたデータが同じであれば常に同じになります。ハッシュ関数から出力された結果のことを、**ハッシュ**又は**ハッシュ値**と言います。ハッシュ値は**要約値**とも呼ばれハッシュ値自体に規則性はなく、ハッシュ値から入力値を逆算することはできません。

暗号学的ハッシュ関数の input ➡ output

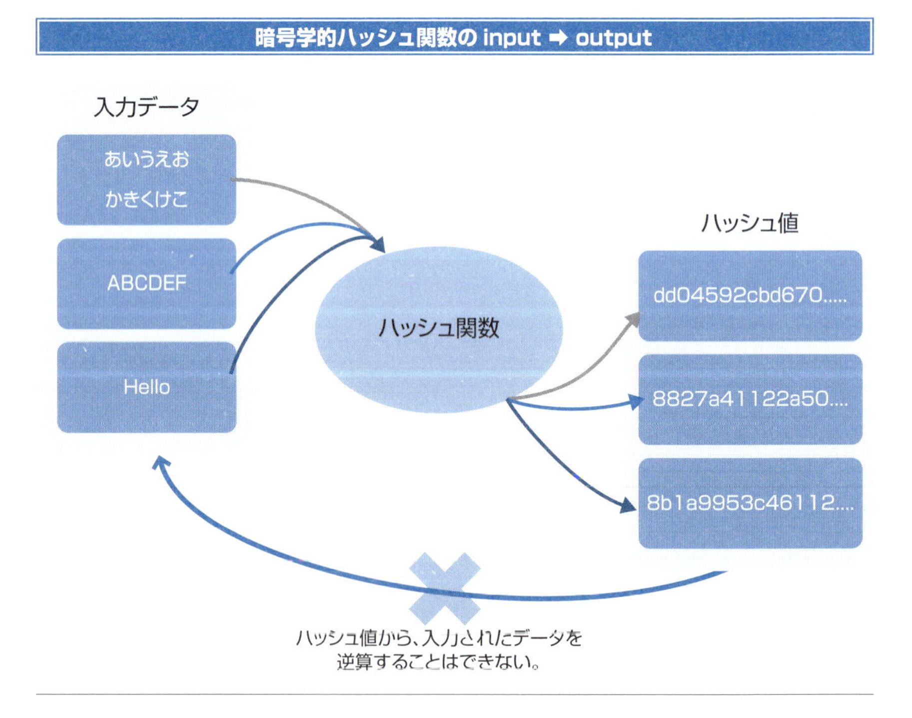

入力となるデータのサイズは問わず、例えば**MD5**（Message Digest Algorithm 5）と呼ばれるハッシュ関数では入力として「1」という一文字を与えた場合も「あいうえおかきくけこ」という10文字を与えた場合、いずれも同様に128bit(2進数 128桁)の数値を出力します。

入力：1
出力(16進数標記)：c4ca4238a0b923820dcc509a6f75849b
入力：あいうえおかきくけこ
出力(16進数標記)：dd04592cbdb7019a99f70c2154be41cc

また、特性として以下の特徴を併せ持ちます。

■決定性

入力されたデータが同じなら、出力される結果は常に同じです。

■一様性

出力される数値が、なるべく出力数値の範囲から満遍なく一様に分布する必要があります。例えば、111....と000....というそれぞれ同じ数字が連続したハッシュが生成される確率はなるべく等しい必要があります。

■不可逆

出力されたハッシュから入力として使われたデータを予測することはできず、入力を色々変更しながら出力されたハッシュを確認する総当りでしか任意のハッシュ値となる入力を得ることはできません。

■強衝突耐性

なるべく異なる入力データから同一の出力されたハッシュ値になる確率が低くなる必要があります。

ビットコインブロックチェーンでは**SHA-256**という出力が256bitのハッシュ関数と**RIPEMD-160**という出力が160bitの2種類のハッシュ関数がコンセンサスアルゴリズム、ビットコインアドレス、ブロックの構造や取引自体の情報を示すトランザクションなど様々な箇所で利用されています。

これらのハッシュ関数は出力として得られるハッシュ値の桁数は固定で、入力データのサイズに依存して増減することがありません。どのようなサイズのデータでも入力データとして使えますが、出力されるハッシュ値のデータのパターンは有限であるため、異なる入力から同一のハッシュが生成されることがあります。ハッシュ値は数値ですが、ほとんどの場合16進数表記で表記されます。

SHA-256（Secure Hash Algorithm 256-bit）

SHA-256は、アメリカ国家安全保障局（NSA）が設計し、2001年にアメリカ国立標準技術研究所（NIST）が標準として採用したSHA-2規格の中に属する暗号学的ハッシュ関数です。

SHA-2には生成されるハッシュ値の長さの違いにより、全体で6つのバリエーションがあります。SHA-256はハッシュ値の長さが256ビット(32バイト)です。

RIPEMD-160（RACE Integrity Primitives Evaluation Message Digest）

RIPEMD-160はベルギーにあるルーヴェン・カトリック大学の3人によって1996年に開発された暗号学的ハッシュ関数で、元々の128ビット（16バイト）のハッシュ値を生成するものを160ビット（20バイト）へと拡張したものです。

ビットコインのシステムではハッシュ関数としてはSHA-256が多用されていますが、ハッシュ値の長さが32バイトと長いので、人が識別、入力しやすいようにビットコイン・アドレスではRIMEMD-160を使って、20バイトというより短いハッシュ値を利用しています。

hash256とhash160

ビットコインブロックチェーンでは何かのハッシュ値を利用する際に通称**hash256**と**hash160**と呼ばれるハッシュの二度掛け（ダブルハッシュ）を利用

しています。hash256は一度ハッシュ化したい値を入力としてSHA-256の計算を行い、ハッシュ値を算出し、そのハッシュ値を入力として再度SHA-256のハッシュ計算を行います。

hash160はハッシュ化した値のSHA-256のハッシュ値からRIPEMD-160のハッシュ関数を計算します。サトシ・ナカモトが何故、ダブルハッシュを採用したかは本人が言及していないためわかりませんが、ハッシュアルゴリズム自体が破られた場合を想定していたと思われます。2の256乗（SHA-256）ないしは2の160乗(RIPEMD-160)の試行回数をかけずに求めたいハッシュ値になる入力データを得ることができるようになった場合においても一定のセキュリティ性を保つことができます。

アドレスが衝突する確率は？

ビットコインのアドレスは基本的に最終的にRIPEMD-160のハッシュ値が使われるので、160bitの情報量を持ちます。160bitは10進数では50桁近くにもなる膨大な範囲の数値を示すことができますが、256bitの秘密鍵からより短い160bitのハッシュ値を算出しているので、異なる秘密鍵から同一のアドレスになる可能性があります。

では、160bitのハッシュが衝突する確率はどのぐらいなのでしょうか。これには**誕生日のパラドックス**という問題が大きく関係しています。

誕生日のパラドックスは何人の人が集まれば、2人以上同じ誕生日の人が居る確率が50%を超えるかという問題です。実はこの問題、答えはたった23人です。

2人目の人は1人目の人と同一誕生日でない確率(364/365)、3人目は最初の2人と同一誕生日でない確率(363/365)、4人目は……と次第に大きくなる数字が掛け合わされることで多くの人が直感的に思う人数よりもずっと少ない人数で50%を超えることから誕生日のパラドックスと呼ばれています。

自分と同じ誕生日の人がいる確率ということになると確率はずっと下がります。

誕生日のパラドックスはハッシュ値、しいてはビットコインにおけるアドレスについても同様の現象が起こります。160bitのビットコインアドレスが重複する確率は1つでもアドレスが衝突する確率が1%を超えるのは1.7×10の23乗となり、実に1700垓(がい 京に続く桁)個のアドレスが使われた時点となります。仮にビットコインが毎時100万件取引されて100万個の新しいアドレスが作り出され続けるとしても10億年経ってもこの数字にはなりません（2017年2月現在で一日のトランザクション数は30万弱です）。現状では仕様的にもそれほどのトランザクション数を捌けないこともあり、現実的にはアドレスの重複が発生する確率はほとんどないと考えることができます。

3-4

アドレス

アドレスはブロックチェーン上での価値の保有者を定めるためのものです。ビットコインブロックチェーンではビットコインの保有者の識別子ということになります。

本節では、ビットコインにおけるアドレスの定義や概念について確認していきます。

アドレスの形式

ビットコインのアドレスは26文字から35文字のアルファベット及び数字から成る文字列で、先頭の1文字は「1」もしくは「3」から始まります。

「1」から始まるアドレスは**P2PKH**（Pay-to-PubkeyHash）と呼ばれる最も一般的に使用されているアドレスです。文字通りPubkey（公開鍵）に対して支払うという意味合いであり、公開鍵暗号の技術を使って所有者の証明を行います。

「3」から始まるアドレスは**P2SH**（Pay-to-script-hash）と呼ばれるアドレスで、所有者の証明を組み込まれたBitcoin Script言語（単にScriptとも呼ばれる）というプログラミング言語で行うものです。何か入力データを渡すと結果としてBooleanと呼ばれるTrue/Falseの真／偽を意味する値を返すプログラムで、入力データによって所有者の確認が取れた場合にTrueを出力するように定義しておきます。

実行結果がTrueであればそのアドレスが保有しているコインの送金ができます。

自由に作成することのできるプログラムであるため、様々な実装が可能ですが、マルチシグネチャと呼ばれる複数の所有者の合意を取らなければ送金できないアドレスの生成で広く使われています。

P2PKH及びP2SHアドレスは、共に**Base58**という形式で表記されます。

コンピュータで数値の記録にはしばしばBase64と呼ばれる大文字、小文字のアルファベット全種52文字と0から9までの数字10種、「+」と「-」の計64文字を使った64進数表現が一般的に利用されていますが、Base58はBase64から記号と誤認識しやすい0（数字のゼロ）、O（大文字のO（オー））、I（大文字の

I（アイ））、l（小文字のL（エル））を除いた58進数表記を使用し、160bit（2進数160桁）を、視認しやすいようにBase58を使って短く表記しています。大文字、小文字のアルファベット全種から特定文字を取り除いた表記法であることから、ビットコインアドレスは大文字小文字が区別されます。

アドレスは使用可能条件定義

アドレスは銀行の仕組みで例えるところの口座番号とされることが多いですが、正確にはそのアドレスで受け取ったコインを使用するための条件が定義されているものです。

P2PKHの場合は、アドレスに表記されているのは公開鍵暗号（3-2節「公開鍵暗号方式と電子署名」参照）の公開鍵です。

P2PKHアドレスで受け取ったお金を使用する条件はアドレスに記載されている公開鍵に対応する秘密鍵でそのアドレス支払い元として使ったトランザクションの署名をする必要があります。

P2SHの場合、アドレスに記載されているのは受け取ったコインの使用をするためのプログラムの定義がハッシュ化されたものが入っています。ハッシュ関数（3-3節「ハッシュ関数」参照）にある通り、ハッシュ値から元の入力を算出することはできませんので、P2SHで受け取ったコインの実行には元のプログラム文と、そのプログラムの実行結果がTrueになる引数（プログラムに与えるパラメータ）が必要になります。

現実社会での銀行のように人に預金額が帰属するという概念ではなく、アドレスによって示されたコインの使用条件を満たせる人がコインを使用できるという概念です。

そのため、P2PKHのアドレスに対応する秘密鍵が漏洩することはお金を譲渡しているのと同じことになってしまいます。

アドレスは使い捨てで使う

通常の銀行口座のように、技術的には同じアドレスに対して何度も送金を行うことが可能です。しかしながら、一般的にアドレスはトランザクション毎に都度新規のものを生成して、そのアドレスで受け取ったコインを使用した後は基本的に二度と使用されていません。

これはプライバシー的な側面によるもので、単一のアドレスで全てのトランザクションを扱っていると、自分の保有するビットコインの総量が1つのアドレスに集約しているのでブロックチェーンによって公開された情報として第三者が自由に閲覧できる状態となってしまうためです。

そのため、ほとんどすべてのウォレットでトランザクション毎に新規のアドレス生成が行われるようになっています。また、トランザクション（3-5節「トランザクションの構造」参照）で詳細は後述しますが、送金の際にお釣りとして自分が改めて受け取るコインについても新規に作ったアドレスが利用されます。

保有コイン ➡ 送金 ➡ お釣りを別アドレスで受け取る

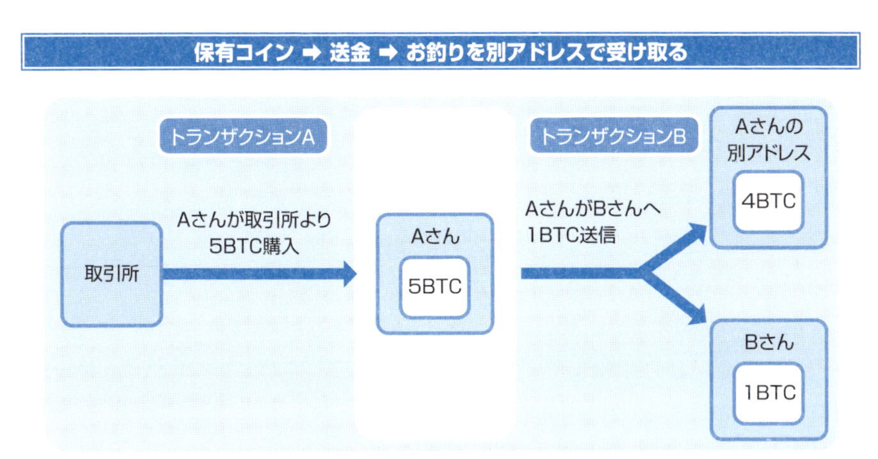

アドレスはオフラインで作れる

アドレスの生成はオフラインで行うことができます。アドレスを作成したということに関して登録作業といったものは一切ありません。また、自分がオフラインで勝手に作ったアドレスが他人の使用するアドレスと衝突していないかを確かめる必要もありません。アドレスが衝突する確率については、3-3節「アドレスが衝突する確率は？」で説明した通り、ほとんど起こり得ないので確認する必要がないのです。

ブロックチェーンとしてはトランザクションでアドレスが使われて初めて認識されることとなります。

P2PKHの生成手順

P2PKHは楕円曲線DSA（ECDSA）で作られた公開鍵そのものに、アドレスの打ち間違いを防止するためのチェックサムと呼ばれる公開鍵のハッシュ値の一部を追加したものです。次の作成手順にある通り、公開鍵は数値であるために先頭桁が0であると結果的に短いアドレスとなります。

1. アドレス空間1から2^{256}の範囲からランダムに数字を選ぶ。(秘密鍵)
18E14A7B6A307F426A94F8114701E7C8E774E7F9A47E2C20
35DB29A206321725

2. 1で選んだ秘密鍵に対応する公開鍵をECDSA（楕円曲線電子署名アルゴリズム)で生成する。
(先頭0x04 + 32バイトX座標 + 32バイトY座標 = 65byte)
0450863AD64A87AE8A2FE83C1AF1A8403CB53F53E486D85
11DAD8A04887E5B23522CD470243453A299FA9E77237716
103ABC11A1DF38855ED6F2EE187E9C582BA6

3. 2で生成した公開鍵をHASH160でハッシュ化（SHA-256 → RIPEMD-160)
600FFE422B4E00731A59557A5CCA46CC183944191006324
A447BDB2D98D4B408(SHA-256)
010966776006953D5567439E5E39F86A0D273BEE(RIPEMD-160)

4. 3で生成された公開鍵の160bitハッシュ値をBase58Checkで変換する。
Base58Check

①対象文字列先頭にバージョン情報0x00追加する。

0x00 + 010966776006953D5567439E5E39F86A0D273BEE
= 00010966776006953D5567439E5E39F86A0D273BEE

②①で得られた文字列をSHA-256でハッシュ化
445C7A8007A93D8733188288BB320A8FE2DEBD2AE1B47F0F50BC10BAE845C094

③②で得られた文字列を再度SHA-256化(hash256)
D61967F63C7DD183914A4AE452C9F6AD5D462CE3D277798075B107615C1A8A30

④最初の4bytesをchecksumとして切り出す
D61967F6

⑤①のバージョン情報を追加したハッシュ値にchecksumとして4で生成した文字列を追加する
00010966776006953D5567439E5E39F86A0D273BEED61967F6

⑥⑤で得られた文字列をBase58で変換する
16UwLL9Risc3QfPqBUvKofHmBQ7wMtjvM

階層的決定性ウォレット（HDウォレット）

ここまでビットコインの取引の多くはP2PKHのアドレスで行われており、アドレスは基本的に使い捨てで使われることを説明してきました。

使い捨てで使うことでセキュリティは向上しますが、アドレスの生成のため、たくさんの関連性のない秘密鍵を管理する必要が出てきます。100回の取引で受け取ったコインを保有している場合、それは100個の秘密鍵を管理し続けなければいけないことを意味しています。

当然既に使用済みのアドレスでも、過去に自分に行った取引の履歴を参照しようと思うと自分が使用したアドレスをすべて把握しておく必要があります。これでは取引を行えば行う程保存しておかなければならない情報が増えていきます。

ビットコイン黎明期はしばしばこの保存する情報が増え続けることが問題になりました。BIP（2-1節BIP(bitcoin improvement proposals)「ビットコインの改善提案」参照）提唱された**BIP32** 階層的決定性ウォレットというものがこの問題を解決しました。この32というのはそれぞれの案ごとに振られた番号です。

階層的決定性ウォレット

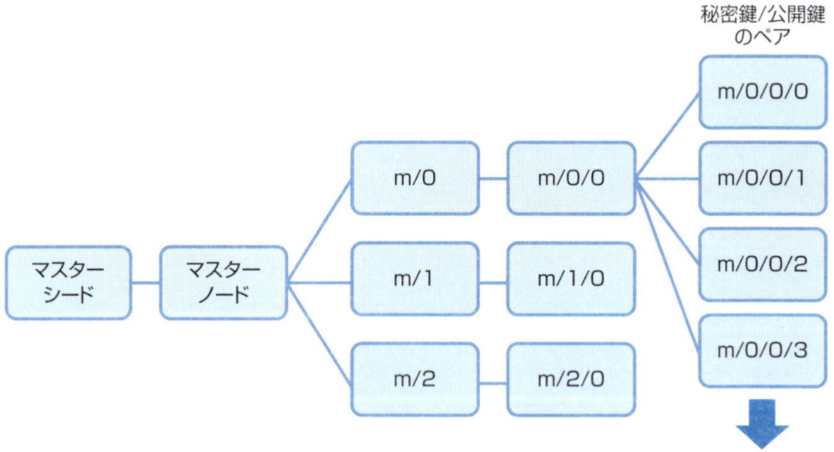

秘密鍵/公開鍵のペア
マスターシード
マスターノード
m/0
m/1
m/2
m/0/0
m/1/0
m/2/0
m/0/0/0
m/0/0/1
m/0/0/2
m/0/0/3

階層的決定性ウォレットではマスターシードと呼ばれるすべての大元になるキーを用意すると1層目、2層目、3層目とたくさんの層が作られます。このそれぞれの層はおよそ40億個の秘密鍵、公開鍵のペアを持っています。

この秘密鍵、公開鍵のペアを順番に使っていくことで、大元になっているマスターシードさえ保存しておけば、公開鍵、秘密鍵はそこから導き出すことができるようになるのでアドレスの管理が楽になります。

現在使われているウォレットの多くでこのBIP32が使われています。但し、このマスターシードも非常に大きな数値なので簡単にはそのまま暗記することはできません。ただ、これも**BIP39**で簡単に利用できるような仕組みが考えられました。BIP39は簡単な単語の羅列でこの数値を表すことができるようにするものです。

例えば、

「384fed7700abc4422dddbaf3142c6e55c1e2965773aaa09283
27ed36208114b3b72fcd65df6101782cce1e6ee18fcb803b440a
e89c0f196b4efa5a99b9e4c769」

は、

「ろうか　ようか　よそう　たいおう　じてん　すまい　だんれつ　ひりょう
はんろん　たおれる　おうたい　まとめ」

という12個の単語で表すことができます。

誤りがないように**チェックサム**が入っているので、途中の単語を別のものに変えれば正しくない単語の並びであることを検知できるようになっています。

基本的な考え方は非常にシンプルです。2048個の単語を取り決め、この2048個の単語を使って数値を2048進数として表現するのです。ウォレットアプリを使ったことがある方であれば一度は目にしているだろう「秘密のパスフレーズ」はこのBIP39を使って表現されたBIP32のシードです。

BIP32によっていくつかの単語とその順番を覚えておけば、自分の持つたくさんのアドレスにあるコインを利用できるようになりますが、その反面、たったそれだけの情報が流出するだけで自分の持つすべてのコインが流出することとなってしまうので、その取扱には通常の秘密鍵よりもより注意を払う必要があります。

マルチシグネチャ

マルチシグネチャ、又は単に**マルチシグ**は、N個の公開鍵と、N個のうち何個の署名を要するかを定めるMを定め、指定されているN個の公開鍵から設定されたM個の署名がされなければ有効なトランザクションとならないスクリプトが定められたものです。

本節冒頭で触れたように、自由にスクリプトを定められるP2SHにおいて最も利用されているスクリプトの定義です。

また、マルチシグネチャはP2SHが提案されたBIP16よりも前のBIP11で既に提案、実装されており、P2SHを使わずに利用することもできますが、現在では主にP2SHを使ったマルチシグネチャアドレスが利用されています。

マルチシグネチャの表記は**M of N**と表記されます。登録された3つの公開鍵のうち2つの署名が必要なマルチシグの場合2 of 3、5つの公開鍵が設定され、そのうち3つの署名を要する場合は3 of 5、5つ全て必要であれば5 of 5といった形で表記されます。

マルチシグネチャを利用することで単純に保有しているビットコインのセキュリティを高めるといった用途だけでなく、複数人でビットコインを共同保有するような場合においてメリットがあります。

例えば**エスクロー取引**の場合において考えてみます。エスクロー取引とは二者間で取引を行う際に第三者が間に入って仲介する取引です。

AさんがBさんから1BTCでギターを購入したいと考えています。しかしAさんとBさんはお互いに面識がなく、信用することができません。そこでエスクロー業者に仲介してもらい、Aさん、Bさん、そしてエスクロー業者に対応した3つの公開鍵から成る2 of 3マルチシグネチャアドレスを用意します。

Aさんは代金である1BTCをマルチシグネチャアドレスに対して送金し、Bさんはその送金を確認した上で商品を発送します。Aさんが問題なく商品を受取ることができればAさんとBさんがマルチシグネチャアドレスからBさんのアドレスへの送金を行うトランザクションに署名をしてエクスロー業者の署名の必要なく取引を終えることができます。

もしBさんが商品を発送しないなど、Bさんに問題があって取引を遂行することができなければ、Aさんはエスクロー業者に掛け合い第三者の視点から状況を確認してもらいます。Aさんの主張が認められればAさんとエスクロー業者によってマルチシグネチャアドレスからAさんにビットコインを送り戻すトランザクションに署名することで取引のキャンセルを行うことができます。また、2 of 3となっていることで仮にエスクロー業者がマルチシグネチャアドレスに預け入れられたビットコインを持ち逃げしようとしても署名が足りないためできません。このようにマルチシグネチャは単純な送金だけでなく、複数人間においても安全にコインの取引が行えるようになります。

3-5 トランザクション

トランザクションはブロックチェーンにおいて最も重要なもので、取引の記録を表します。トランザクションが中心で最も重要な存在であることは他のビットコインからの派生ブロックチェーンにおいても同様です。

本節ではトランザクションの構造や意味合い、そのライフサイクルについて説明していきます。

トランザクションとは

ビットコインにおける**トランザクション**は、コインの移動を記録するデータです。コインはアドレス（3-4節「アドレスは使用可能条件定義」参照）で説明した通り、何をもってそのコインを利用可能とするかを定めるアドレスに対して送付されます。コインを受け取った人はその条件を満たすデータを持ったトランザクションを作ることでそのコインを利用することができます。トランザクションが作られると、ブロックチェーンネットワーク上に配信され、トランザクションに問題が無ければマイナーによってマイニング（3-7節「マイニングとは」参照）され、全ての取引が記録される台帳であるブロックチェーンへと取り込まれることとなります。

トランザクションの構造

トランザクション構造は支払い元を示すインプットと支払い先を示すアウトプットを中心として構成されています。インプット、アウトプットは共に複数指定することができます。

インプットにアドレスが指定されると認識されがちですが、ジェネレーショントランザクションと呼ばれる唯一の例外を除いてインプットにはコインを受け取ったトランザクションのアウトプット情報と、そのコインの所有を証明するための情報が入ります。

また、アウトプットには**ビットコインスクリプト**と呼ばれるビットコイン内部で使用されているプログラム言語を使ってアドレスから算出された送金されたアドレスの使用条件が定義されます。

スクリプトで定義されるプログラムは2PKHのアドレスであれば、アドレスに対応する公開鍵とトランザクションの署名情報を正しく入力しなければならないことを定めるコードになります。

このアウトプットで指定されるスクリプトはコインの使用条件を定めるという意味合いから**ロッキングスクリプト**(locking-script)と呼ばれます。前述のインプットでのコインの所有を証明するための情報もまたビットコインスクリプトで、これはロッキングスクリプトで使用条件を定められたコインの使用を行うために使われるので**アンロッキングスクリプト**（unlocking-script）と呼ばれています。

トランザクションはビットコイン内部では**トランザクションハッシュ**と呼ばれるトランザクションデータのハッシュ値をトランザクションの識別子として使用しています。インプットリストではこのトランザクションハッシュを使って個別のトランザクションを指定します。トランザクションはアウトプットを複数持ちうることから、そのトランザクションの何番目のアウトプットを使用するかをTxout-indexで指定しています。

トランザクション構造

(トランザクション構造図)

トランザクション		
項目	値の例	説明
Version	1	バージョン番号現在は 1 固定
Input 数	1	トランザクションの支払い元として使用する Input 数
Input リスト	インプットリスト図	インプット数分の支払い元情報 (詳細は別図参照)
Output 数	2	トランザクションの支払い先 (アドレス) の数
Output リスト	アウトプットリスト図	トランザクションの支払い先 (アドレス) の数
ロックタイム	0	ブロックに取り込まれる事が可能になる時間またはブロック高　即時取り込み可能なら 0

(インプットリスト図)

インプットリスト要素		
項目	値の例	説明
TransactionHash	02c84cc0b9f3c32e25f0866107eb97ae0 2b75d515088c4d2930c4cdce8620125	対象のアウトプットを持つトランザクションの TransactionHash
Txout-index	1	TransactionHash の指し示すトランザクションの支払い元として利用する output の配列番号
Txin-script 長	0x94	対象のアウトプットを使用する条件を満たすスクリプトのサイズ
Txin-script/scriptSig	47304402205b3c5a5bf7bc3183b9d769 b98c0...	対象のアウトプットを使用する条件を満たすスクリプト
シーケンス番号	0xFFFFFFFF(4294967295)	トランザクションのロックタイムが有効な場合に配信済のトランザクションを更新する為のバージョン番号

(アウトプットリスト図)

アウトプットリスト要素		
項目	値の例	説明
Value	0x100000	送信する金額 (単位は satoshi)
Txout-script 長	0x19	送金されるコインを使用するための条件定義スクリプトのサイズ
Txout-script	483045022100e750191cadc59e537 9c3782070…	送金されるコインを使用するための条件定義スクリプト

トランザクションは複数のインプットとアウトプットを持つことができますが、これは何故でしょうか。

インプットについては受け取ったトランザクション単位でインプットを指定する仕組みからも理由は自明です。

例えばビットコインが使えるお店のオーナーがビットコインで受け取った商品代金を換金するために取引所に送金したいとします。この時、オーナーが持つビットコインはお店でのビットコインによる会計の回数分のトランザクションで受け取ったコインの総量となります。そのため、複数のトランザクションをインプットとして指定できなければ、一度の送金（トランザクション）で送りたい数量分のビットコインを送金することができません。そのために複数のインプットの指定が必要なのです。

それではアウトプットについてはどうでしょうか。これにはトランザクションの仕様が関係しています。ビットコイントランザクションでは、トランザクションインプットで指定されたコインを部分的に使用することができないのです。そのため、例えばAさんがBさんから5BTC受け取り、BさんがCさんに3BTC支払いを行いたい場合に、Aさんからの送金のトランザクションアウトプット5BTCから3BTCだけ使用し、2BTCを残すことができません。ですので、お釣りの意味合いで自分の所有するアドレスを使って2BTCを受け取った新たなトランザクションアウトプットとする必要があります。この時、同じアドレスを使用することも可能です。しかしながら、アドレス（3-4節「アドレスは使い捨てで使う」）で説明した通り、新たなアドレスを使用するのが一般的です。

トランザクション手数料

トランザクションは仕様上手数料を支払わなければならないわけではありませんが、ほとんどのマイナーは手数料を支払っているトランザクションのみをブロックに取り込むことから、手数料を支払うことが一般的になっています。

既にトランザクション構造で見たとおり、トランザクションに手数料のためのデータ構造はありません。インプットで使用したUTXOのコインよりも少ない数量をアウトプットとして指定しておくことで差額分が手数料となります。

各トランザクションが支払う手数料は、トランザクションをブロックに取り込んだマイナーに手数料として支払われます。ブロックは1MB以内である必要がある決まりがあるので、限られたブロックサイズの中でマイナーは自分の利益になるようにトランザクションを選定します。そのため、高い手数料を支払う程素早くブロックへ取り込まれるようになる傾向があります。

ブロックに含まれるために必要な手数料は、トランザクションのサイズに比例しています。2017年3月現在では中央値としては1バイトあたり0.0000010BTC（100satoshi）から0.0000020BTC（200satoshi）程支払われています。

平均的なトランザクションは250バイト程度ですので、0.00025BTCはトランザクション毎に手数料として支払われていることになります。ウォレットのアプリケーションの多くは直近のブロックに含まれたトランザクションの手数料から現実的な手数料を計算し、手数料を設定するようにできています。

UTXO（アンスペントトランザクションアウトプット）

トランザクションの構造で説明した通り、基本的にトランザクションは別のトランザクションのアウトプットを指定して新たなアウトプットを指定するものです。

トランザクションのアウトプットを分割して使うことはできません。つまり、同じトランザクションアウトプットが2回使われることはなく、トランザクションが持ちうるインプットには既にブロック格納されたトランザクションの未使用のアウトプットが使われることになります。

これら未使用のアウトプットは**UTXO**（アンスペントトランザクションアウトプット）と呼ばれ、新たなトランザクションが配信されてきた際に素早く検索、検証ができるようにUTXOだけのリストを作って各ノード内部で管理されています。

ジェネレーショントランザクション

トランザクションは「インプットに他のトランザクションのアウトプットを指定していること」、ほとんどのトランザクションは「インプットのコイン総量とアウトプットのコイン総量に差額を設けて手数料を払っていること」を説明しましたが、ビットコインブロックチェーンには唯一例外となるトランザクションがあります。

それは**ジェネレーショントランザクション**と呼ばれる各ブロックに含まれているトランザクションの最初の1件目のトランザクションです。

ジェネレーショントランザクションはそのブロックを作ったマイナーがそのブロックに取り込まれたトランザクションの支払う手数料やブロックを作成したことによる報酬を受け取っています。ジェネレーショントランザクションのインプットは常に1つで**コインベース**と呼ばれており、ブロックの検証において何かをチェックされることはないためマイナーが任意で好きなデータを入れることができます。ブロックチェーンの一番最初のブロックのことを**ジェネシスブロック**と言いますが、ビットコインのジェネシスブロックのジェネレーショントランザクションのインプット、つまりビットコインブロックチェーンの最初のトランザクションには「The TIMES 03/Jan/2009 Chancellor on brink of second bailout for banks.」（タイムズ紙 2009年1月3日 二度目となる銀行への救済処置決定の瀬戸際にいる大臣）という文章が記されています。これはビットコインの考案者サトシ・ナカモトによって埋め込まれたメッセージで、ビットコインが2009年1月3日以前には存在していなかったことの証明となっています。

トランザクションチェーン

UTXOの項目で説明した通り、トランザクションのインプットは他のトランザクションのアウトプットを指しており、1つのトランザクションアウトプットは分割して使用することができません。参照しているアウトプットもまた他のトランザクションのアウトプットを参照しています。まだ使用されていないトランザクションアウトプットであるUTXOのインプットを辿っていくと最終的にジェネレーショントランザクションにたどり着きます。

この繋がりは**トランザクションチェーン**と呼ばれています。現実世界でのお金のやり取りも、代金の支払いや給与の支払い、銀行による貸付等様々な場所でグルグル回っているように思えますが、元を辿っていくと日本円であれば発行している日本銀行にたどり着きます。すべて公開された形で記録される公開台帳の意味合いを持つブロックチェーンでは、誰でもそのお金の流れを追いかけることができるのです。このことからも取引の度に新しいアドレスを使うことが推奨されています。

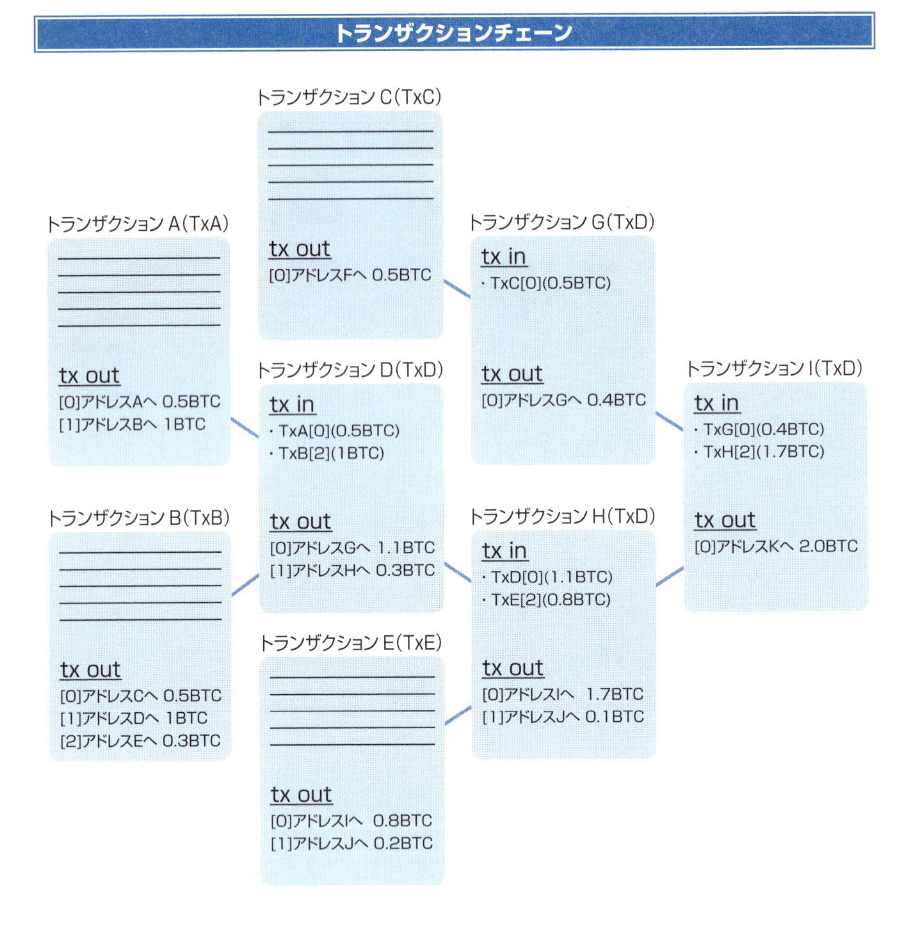

OP_RETURN

ビットコインのトランザクションで使われるスクリプトには様々な**opcodes（オペレーションコード）**と呼ばれる**命令コマンド**があります。署名を確認する**OP_CHECKSIG**やSHA-256のハッシュ値をスタックさせる**OP_SHA256**等、主にコインを使うための条件の定義（**ロッキングスクリプト**）及びロッキングスクリプトで定義された条件を満たし、コインを使うためのスクリプト（**アンロッキングスクリプト**）を定義するためのものですが、特筆すべき項目として**OP_RETURN**があります。これはトランザクションアウトプットとして送金以外の目的で使用していることを明示することで任意のデータを記述することを可能にするビットコインスクリプトの命令コマンドです。

ビットコインブロックチェーンが誕生後、ビットコインブロックチェーンをコインの送金だけでなく別の目的で利用しようとするプロジェクトが誕生していきました。トランザクションのアウトプットは事前にIDで登録されるようなものでなく単なる送金するコインのアンロック条件のスクリプトであるため、任意のデータを埋め込むことでコインの送金ではなく、改竄が難しいデータベースとして利用したのです。自分自身のオリジナルコインを簡単に作れるCounterpartyやOmni等多数のプロジェクトで利用されていました。これらのプロジェクトを利用するためのトランザクションはビットコインブロックチェーン側から見るとただのUTXOとして見えるため、通常の送金トランザクションと同様にUTXOとして管理されます。UTXOはノードサーバー上で、素早く参照することができるように特別に管理されていますが、これらのデータストアとしてのみ利用されるトランザクションアウトプットは明示的にデータの埋め込みを行うOP_RETURNを用意する対応がされました。今日ではビットコインブロックチェーンを利用する多くのプロジェクトがこのOP_RETURNを利用しています。

実際のトランザクション

次の図はビットコインのリファレンス実装である「ビットコイン・コア」を使って取得した0.001BTCの送金を行ったトランザクション情報です。

「Bitcoin Core」はビットコインの考案者であるサトシ・ナカモトによって作られ、オープンソースとして以後多くの有志によって更新されています。

「Bitcoin Core」を使って取得した0.001BTCの送金を行ったトランザクション情報


```
{
  "hex": "0100000001cc447ee731f5e8f613ae5dc255e264e7d3dbd5afc48f55a7ce7abe760899972
e000000006a47304402207161aeebd1d1bb205850772d3305969216e7f00af563ca55cb735f9cceb649
78022011a7c998cb8e6eef08f693739f736f90c98b15e18436432c35f86d506bc22ef10121033ad29ab
f355aaf6e62f669bb533c412aa71c71a1ec5578c253c7be56b912f1bffffffff0238790d0000000000
1976a91432ee1811844b914f5d6e63438b4d0475cd338a2788aca08601000000000001976a9147d0f445
e5ddee497aba6ed523d199addce71d28888ac00000000",
```

```
"txid": "44a09ec9afe719dc2d17e9982873a45ee43aad1e59c331e8a7bbed14827557bd",
"hash": "44a09ec9afe719dc2d17e9982873a45ee43aad1e59c331e8a7bbed14827557bd",
"size": 225,
"vsize": 225,
"version": 1,
"locktime": 0,
"vin": [
  {
    "txid": "2e97990876be7acea7558fc4afd5dbd3e764e255c25dae13f6e8f531e77e44cc",
    "vout": 0,
    "scriptSig": {
      "asm": "304402207161aee...2f1bf",
      "hex": "47304402207161aee...2f1bf"
    },
    "sequence": 4294967295
  }
],
"vout": [
  {
    "value": 0.00883000,
    "n": 0,
    "scriptPubKey": {
      "asm": "OP_DUP OP_HASH160 32ee1811...38a27 OP_EQUALVERIFY OP_CHECKSIG",
      "hex": "76a91432ee1811844b914f5d6e63438b4d0475cd338a2788ac",
      "reqSigs": 1,
      "type": "pubkeyhash",
      "addresses": [
        "15eJ1evbBjnjySPFn4iorKFL8FmhY1HRqY"
      ]
    }
  },
  {
    "value": 0.00100000,
    "n": 1,
    "scriptPubKey": {
      "asm": "OP_DUP OP_HASH160 7d0f445e...1d288 OP_EQUALVERIFY OP_CHECKSIG",
      "hex": "76a9147d0f445e5ddee497aba6ed523d199addce71d28888ac",
```

```
        "reqSigs": 1,
        "type": "pubkeyhash",
        "addresses": [
          "1CQFkkgKxUbRziJEbxhNxK9uXVpCnccZGT"
        ]
      }
    }
  ],
  "blockhash": "0000000000000000016812f5ae7eeb5561e6a573308ca65e9d54d0ddbe27bc56",
  "confirmations": 17273,
  "time": 1485181046,
  "blocktime": 1485181046
}
```


図中のトランザクション情報は**JSON**というデータの記述形式で記述されています。JSONでのトランザクション構造は本来のトランザクションデータを人間が理解しやすいようにエンコードして表示したもので、JSON内の「hex」の値が本来のトランザクションデータです。実際のトランザクションデータは整形して表示しているものと区別するために**生トランザクション**と呼ばれます。

JSONの内容を確認していくと、まず「**vin**」はトランザクションのインプットリストになっており、このトランザクションではトランザクションハッシュ"2e97990876be7acea7558fc4afd5dbd3e764e255c25dae13f6e8f531e77e44cc"のアウトプット0番目（vout）であることがわかります。表示されていませんが、この該当のアウトプットでは0.01BTCを受け取っています。このUTXOを利用するため、「**scriptSig**」でアドレスに対応する秘密鍵で行われた署名（signature）や公開鍵が記述されています。

アウトプットを見てみるとアウトプットにはアドレス"15eJ1evbBjnjySPFn4iorKFL8FmhY1HRqY"宛のものと、"1CQFkkgKxUbRziJEbxhNxK9uXVpCnccZGT"宛の2つが設定されています。どちらも「**ScriptPubKey**」の「**asm**」で"OP_DUP OP_HASH160 …"と記述されています。これがロッキングスクリプトで、どちらもP2PKHのアドレスへの支払いを使用するためのスクリプトです*。それぞれのアウトプットへの支払い額は0.00883000BTCと、

* OP_HASH160の後に記されている32ee18…という表記は、ビットコインアドレスを16進数表記にし、整合性の確認の為だけに使われる余計な部分であるchecksum(3-4節「P2PKHの生成手順」参照)を取り除いた結果である公開鍵のハッシュ値です。全体のスクリプトとしては正しいトランザクションの署名と、ハッシュ化前の公開鍵を提示することでTrueを返し、コインが使えるようになるという定義になっています。

0.00100000BTCとなっています。インプットが0.01BTCですから 0.01 −（0.00883000 + 0.001）= 0.00017BTCを手数料として支払っていることになります。

「**block hash**」や「**confirmations**（経過ブロック）」、「**size**（トランザクションのデータサイズ）」はBitcoin Coreが付与している情報であり、本来のトランザクションが持つデータではありません。

「**hex**」にある生トランザクションはインプットリストや、アウトプットリスト、バージョン番号等トランザクションが持つ全ての情報が記述されています。わかりやすく冒頭部分を少し分解すると次のようになります。

バージョン番号：01000000
インプット数：01
インプットのトランザクションハッシュ：cc447ee731f5e8f613ae5dc255e264e7d3dbd5afc48f55a7ce7abe760899972e

すべて16進数表記で、バイト単位で記述されています。注意深く見てみるとバージョン番号とインプットのトランザクションハッシュはJSONで整形されて表記されている数値とは一致していません。これは普段普通に利用する上ではあまり気にする必要のないことですが、生トランザクションでは**リトルエンディアン**と呼ばれる形式で数値が格納されているために不一致が発生しています。生トランザクションは16進数で表記されているため、2桁が1バイトを示しています（2進数 8桁（8ビット）= 1バイト、2進数 4桁（2^4）= 16）。リトルエンディアンはバイト単位で下位側から並べた表記で、別の表現をすると2桁ずつ区切って逆に並び替えることで一般的な表記となります。例えばバージョン番号である「01000000」は「01-00-00-00」と区切って逆から並べることで「00000001」となり、バージョン番号が1であることがわかります。インプットのトランザクションハッシュについても「cc-44-7e-e7…99-97-2e」と区切った上で並び替えると「2e9799…e77e44cc」となり、整形されて表示されているJSONでの値と一致することがわかります。

トランザクションデータサイズ

トランザクションのデータサイズは基本的にインプットとアウトプットの数と種類で予め事前に想定することができます。ビットコインにおける手数料はデータサイズ（バイト当たりのsatoshi）で計算されるため、データサイズは手数料を予想する上でも役に立ちます。まず、必ず必要となるデータ領域としてバージョン番号やロックタイム、インプット/アウトプットカウントがあります。

バージョン番号、ロックタイムはそれぞれ4バイト、

インプット/アウトプットカウントはそれぞれ1バイトで合計10バイトです。

これにインプットとアウトプットが加算され、最も一般的なP2PKHからP2PKHへの支払いの場合はインプットは1つあたりおおよそ148バイト、アウトプットは34バイトです。「実際のトランザクション」のトランザクションの場合、1つのP2PKHのインプットから2つのP2PKHへのアウトプットを持っており、148バイト ＋ 34バイト × 2 ＋ 10バイトで226と試算できます。同様の1つのP2PKHインプットと、2つのP2PKHインプットを持つトランザクションである「実際のトランザクション」でのJSON内「size」が225となっており、実際のトランザクションサイズが225バイトであることからも近似値が得られていることがわかります。およそと表現されるのは、楕円曲線暗号での署名値が数値であるため、その大きさにより可変となるためです。

実際にビットコインを利用する上でインプットの数はある程度簡単に推測できます。例えば保有しているビットコイン全量を誰かに送金する場合は、今までに人からビットコインを受け取った回数がインプットの数となり、アウトプットは全量を送金するため1つとなります。

取引所で購入したビットコインを2BTCずつ2回に分けて自分のウォレットに送金し、そこから3BTCを誰かに送金する場合であればインプットは取引所からの送金2回分の2つ、アウトプットは実際の送り先とお釣りで自分で受け取るためのアウトプットで合計2つとなり、(148 × 2) + (34 × 2) + 10で374バイト程度のトランザクションとなることが想定できます。

リアルタイムでの平均的なトランザクションデータのバイトあたりで支払われている手数料は「Bitcoin Fees for transactions」(https://bitcoinfees.21.

co/）のようなサイトで確認することができます。

例えば1バイトあたり100satoshiの手数料支払いで十分ということであればインプット、アウトプットそれぞれ2つ持ったP2PKHからP2PKHへの支払いはおおよそ37,400satoshi（0.00037400BTC）程度必要であると、ウォレット等を使わなくとも想定することができます。

ビットコインのトランザクションの処理性能が秒間7件と言われる理由

本書でも1-9節「スケーラビリティ（拡張性）問題」で触れたように、ビットコインのブロックチェーンでは現状秒間7件程度と言われています。これはビットコインのトランザクションのデータサイズと、マイニングによるブロック生成の間隔、そしてブロックのデータサイズから算出されたものです。

まずはじめにトランザクションを台帳として記録するブロックのデータサイズは、ビットコインのプロトコルとしてブロックのデータサイズは1MBを超えると無効と扱われてしまうため、1MB未満である必要があります。そしてブロックを作るマイニング（3-7節「マイニングとは」参照）は平均して10分に一回行われます。実際にはブロックにはブロックヘッダやマイニング報酬や手数料受取の為のジェネレーショントランザクションで数百バイト程度のトランザクション以外のデータが含まれますが、1MBというブロックサイズにおいて数千分の1に満たないデータサイズですので、この際考慮しないで計算すると1MBのブロックで226バイトのトランザクションがおよそ4425件格納することができます。ブロックが作られる周期は平均して10分間に1回なのでこれを600で割ったおよそ7件が秒間処理可能なトランザクション数と算出することができます。

注意しなければいけない点として、この数値はブロックに含まれるトランザクションがすべてビットコインのトランザクションデータサイズとして最頻値である1つのP2PKHのインプットと2つのアウトプットを持ったトランザクションだった場合の数値であるということです。実際にはトランザクションはインプットやアウトプットをより多く持ったものや、複数の署名を要する分データサイズが大きくなるマルチシグネチャのトランザクション等様々な種類が存在し、実際に色々なトランザクションがブロックに含まれています。

次の図はビットコインの情報サイト「blockchain.info」で閲覧した日毎のブロックに格納される平均トランザクション数のグラフです。実際のデータとしては1ブロックあたり１５００－２０００件程度のトランザクション数しか持たないことがわかります。２０００件で計算しても秒間のトランザクション数は3.3件程度となり、実際の処理スピードとしては秒間３件程度しか処理されていないことになります。

blockchain.info - Average Number Of Transactions Per Block（ブロックあたりの平均トランザクション数）

出典：https://blockchain.info/ja/charts/n-transactions-per-block

クレジットカードのVISAの平均トランザクション数が秒間２０００件程度であることからも理論値でも秒間７件程度、実際の処理速度としては３件程度というのはあまりに頼りない数値です。実際ビットコインへの関心の高まりから利用が増えた結果、処理速度が利用に追いつかず、より高い手数料を払うことで優先的に他のトランザクションよりも早く取り込んで貰おうとする手数料レースのようなものも発生し問題となっています。様々なアプローチで解決するための改善案が提案されていますが、本書執筆時点ではまだ解決されていない問題です。

3-6

ブロックとブロックチェーン

ブロックはトランザクションが行われたことを示すための台帳の役割を示すデータで、利用者がそれぞれ自由に作成したトランザクションはブロックに含まれることで取引が行われたこととなります。

ブロックは数珠つなぎに過去のブロックへと繋がることでブロックチェーンを形成しています。

ブロックの存在意義

ブロックはトランザクションが行われたことを示すためのデータです。仮想通貨としての取引の記録は、最も重要な情報と言えます。ビットコインの取引が完了するまでに10分程時間がかかると言われるのはこのブロックの生成間隔が10分程度かかるためです。

一見時間がかかるだけで非効率に見えるブロックですが、このブロック及びブロックを元に形成されるブロックチェーンと有効なブロックとして認められるためのルールであるコンセンサスアルゴリズムによって二重支払いや過去の取引の改竄などの不正防止を実現しています。

ブロックの構造

ブロックは大きくわけて**ブロックヘッダ**と呼ばれるブロックについての情報が記されたデータとブロックに含まれる**トランザクションのリスト**の2つによって構成されています。ブロックヘッダには次のデータが含まれます。

- Version：プロトコルバージョン
- Previous Block Hash：親ブロックのハッシュ値（識別子）
- Merkle Root：ブロックが含む全トランザクションのマークルツリーのルートハッシュ

- Timestamp：ブロックが生成された時間
- Difficulty Target：プルーフオブワークの難易度
- Nonce：マイニングで利用する任意のデータ埋め込みフィールド

Versionは本来プロトコルのバージョンを示すためのフィールドでしたが、BIPによって現在では新たな機能の実装を行うか否かを決める投票システムのような使い方もされています。

Previous Block Hashは時系列的に1つ前に作られたブロックのブロックヘッダのhash256（SHA-256の二度掛け）が記録されています。親ブロックのハッシュ値をそれぞれのブロックが持つことでブロックが概念上鎖状に連なっていると見ることができます。このことからブロックチェーンと呼ばれています。

ブロックチェーン

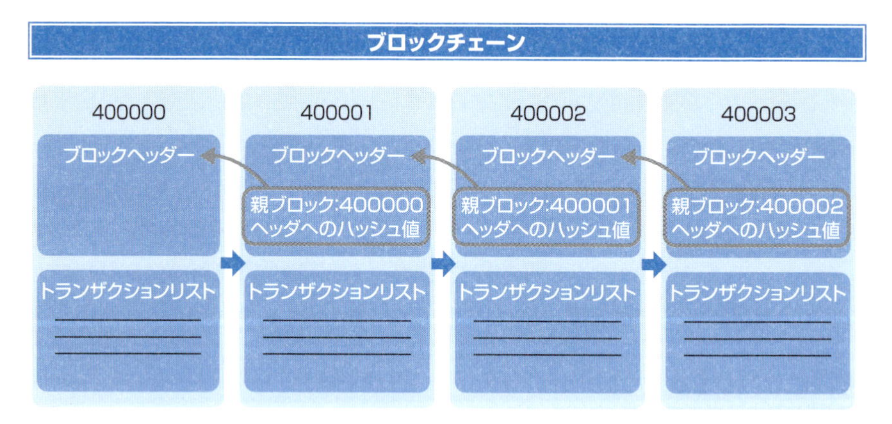

Merkle Root(マークルルート)は**マークルツリー**（ハッシュ木とも呼ばれる）を使ったブロックの含むトランザクション情報を示す情報です。含まれるトランザクションのトランザクションハッシュをペアにし、ツリー状になるよう再帰的にハッシュを結合したもののハッシュ値を計算していくことで含まれるすべての値の要約値として機能するハッシュツリーの頂点にあるマークルルートが取得できます。

含まれるトランザクションの1つでも変更された場合、マークルルートは全く異なる値になることから、P2Pネットワークを介して取得したブロックデータの整合性の確認や、**SPV**（Simplified Payment Verification）クライアントと呼ばれるスマートフォンなどのデータサイズの問題から全てのブロックのダウンロードを行うのが難しい環境でも、ブロックチェーンの利用ができるようにする技術で使われています。

マークルツリーによるマークルルート算出

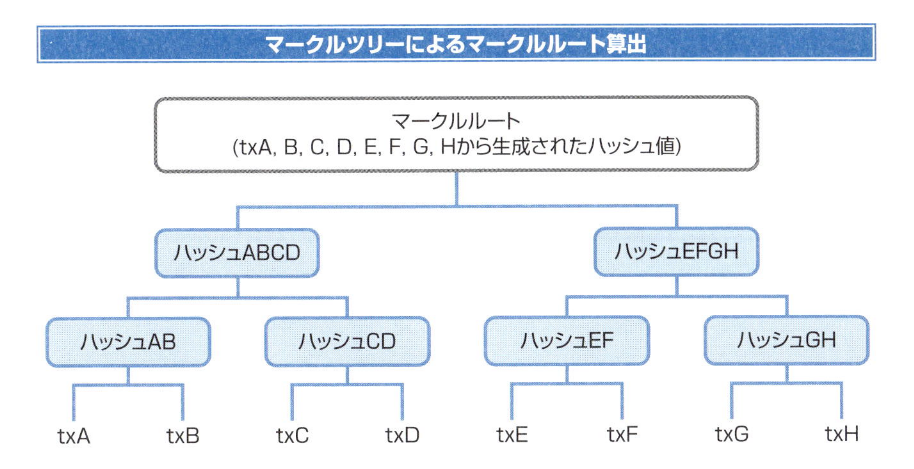

Timestampはそのままブロックの作成された時間が記録されています。

形式はコンピュータプログラムでは一般的な時刻表現であるUNIX時間と呼ばれる協定世界時（UTC）での1970年1月1日0時0分0秒からの経過秒数で記録されています。本質的に時間を示すための項目であることには変わりません。

Difficulty Targetは第３章（3-7節）で詳しく説明しますが、プルーフオブワークの難易度を示す数値が入っています。

Nonceもまたマイニングで利用するためのデータフィールドです。

SPV クライアント

SPV（Simplified Payment Verification）クライアントは完全なブロックチェーンをダウンロードすることなくビットコインのウォレット機能をスマートフォンなどのフルノードサーバーとして稼働させることが難しい環境で利用するための仕組みです。

SPVクライアントはブロックヘッダだけを保有します。つまりブロックに含まれるトランザクションは一切保持しません。SPVクライアントは保持するブロックヘッダからブロックチェーンの検証のみを行っているのです。そのため、正しくプルーフオブワークが行えているかの検証は行うことができますが、トランザクション本体を持たないことから、プルーフオブワークによってどのようなトランザクションが含まれているかは検証することができません。

セキュリティ上好ましい状態ではありませんが、ブロックヘッダのみを保持、検証するようにすることで保持しなければいけないデータサイズはフルノードサーバーの1/1000程度にすることができます。ブロックヘッダのみのなるべく少ないデータ量の保持でブロックチェーンを検証した上でSPVクライアントはウォレットとして管理しているアドレスのビットコイン受け取りや送金処理トランザクション情報のみをフルノードサーバーに要求し、取得、検証しています。

自身の関係するトランザクション情報の取得にはブルームフィルタと呼ばれるものが利用されています。**ブルームフィルタ**は「データの集合に対してフィルタリングを行い、本来対象としていないものを対象として検出してしまうことはあるが、対象としているものを検出し損ねることはない（**偽陽性**はあるが**偽陰性**は無い）」という性質を持ったものです。ブルームフィルタの生成にはまず、N個のハッシュ関数と全て0で埋めた最大36,000バイトの2進数の配列を用意します。その上で検証したいデータのハッシュ値を用意したハッシュ関数それぞれで計算します。

例えばハッシュ関数が3つあり、データAをそれぞれのハッシュ関数で計算した結果が「4、7、10」であった場合は用意した2進数配列の4番目、7番目、10番目の値を0から1に変更します。

次の取得したいデータBでもそれぞれのハッシュ関数の計算を行い、その結果に従い2進数配列の該当位置を1に変更していきます。

これを取得したいデータパターン数分だけ繰り返し最終的な2進数配列の状態を作り出します。できあがった2進数配列と使用したハッシュ関数をフルノードサーバーに送信し、フルノードサーバーはトランザクションデータを順に受け取ったハッシュ関数で計算し、その結果と受け取った2進数配列の該当箇所がすべて1になっているかを確認していきます。

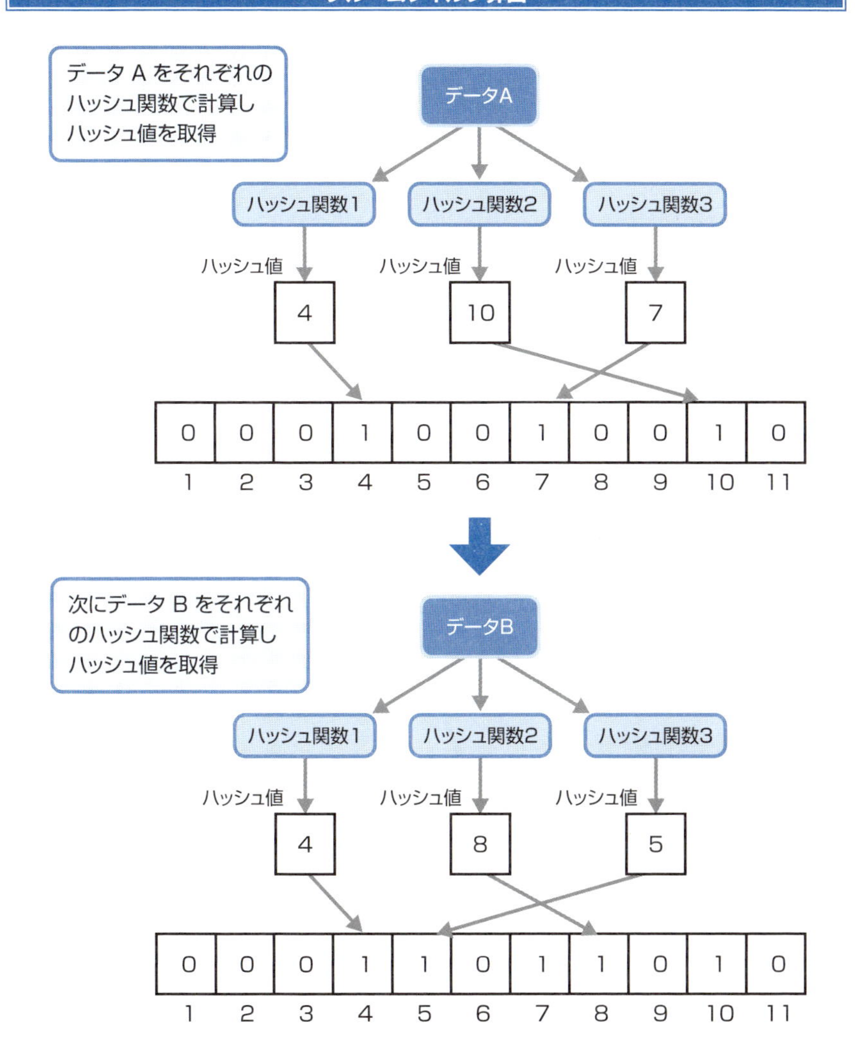

N個のハッシュ関数のうち1つでも結果が2進数配列で0となるデータは除外していき、ハッシュ関数の計算結果に対応する2進数配列の位置が全て1となるデータのリストを作り、それをSPVクライアントに返却します。ビットコインでのブルームフィルタに関する取り決めはBIP37で行われており、2進数配列は最

大36,000バイト、用意するハッシュ関数は最大50個に定められています。

2進数配列は初期状態の全て0で埋まった状態であれば、いかなるデータも条件を満たすことはなく、逆にすべてが1である場合はすべてのデータを正として検出することとなります。

複数の条件を組み合わせた結果の配列を使って検証していった結果、1で埋められた割合が増えれば増える程本来取得したいデータ以外のデータもたくさん条件を満たしてしまうようになるのです。

取得したいデータ以外も取得してしまうフィルタリングは一見好ましいようには見えませんが、セキュリティ的な側面から見るとメリットとなります。SPVクライアントがデータの取得に問い合わせるのはネットワーク上の第三者が運用するフルノードサーバーであるため、完全に欲しいデータだけを要求してしまうと自身のウォレットのアドレスが全て知られてしまうこととなり、プライバシー問題となります。ブルームフィルタの偽陽性はプライバシー性を確保するためにメリットとして働くのです。

ジェネシスブロック（genesis block）

ジェネシスブロックは一番最初のブロックです。サトシ・ナカモトによってタイムズ紙の引用がされたジェネレーショントランザクションが埋め込まれたブロックで、ブロックチェーン上のどのブロックから親ブロックを辿っていってもこのジェネシスブロックにたどり着きます。このブロックがマイニングされた時点では1コインも流通していないので当然含まれるトランザクションは報酬を受取るジェネレーショントランザクション1件のみでした。

ブロック高（block height）

ブロックはジェネシスブロックを起点として次々と子ブロックが作られており、ブロックチェーンを形成しています。それぞれのブロックは親ブロックが存在しなければ存在できないことからブロックが積み上げられていくように解釈し、祖先のブロックの数を**ブロック高**と表現されています。

ジェネシスブロックはブロック高0で、2017年執筆時の最新のブロック高は

45万を超えています。ブロックの識別子であるブロックハッシュは人間には理解しにくいため、一般的に人がブロックを識別する際はブロック高で表現されます。

ブロックハッシュ

ビットコインを含む殆どのブロックチェーンではブロックの識別子として**ブロックハッシュ**を利用しています。ビットコインではブロックハッシュはブロックヘッダのhash256（SHA-256の二度掛け）です。つまりブロックハッシュの計算にブロックの本体部分であるトランザクションリストは直接的には利用されません。

しかしながら、ブロックヘッダにはブロックの構造にある通り、ブロックの持つトランザクションリストのすべてのトランザクションを元から算出されるハッシュ値であるマークルルートが含まれています。そのためトランザクションリストのデータが少しでも変更されるとマークルルートが異なるものとなり、マークルルートが変わるとブロックヘッダのハッシュ値であるブロックハッシュもまた変わります。トランザクションリストは間接的にブロックハッシュを構成する要素となっていることになります。

また、ブロックは親となる1つ前のブロックハッシュについてはブロックヘッダに保有しますが、自身のブロックハッシュについては記録されていません。普段ウォレットアプリやブロックチェーンのウェブサイトを利用する際は意識する必要がありませんが、ノードサーバーは新たなブロックが配信された際に自身でそのブロックハッシュ値を計算し、識別子として利用しています。

ブロックチェーンの構築

新たなブロックがマイニングによって作成され、P2Pネットワークを介して送信された際にブロックチェーンの構築は誰が行うのでしょう。

ブロックチェーンはP2Pネットワーク上で成り立つもので、悪く言えば誰も信用することができません。そのため、ブロックチェーンに参加しているフルノードと呼ばれる過去の全ブロックデータを保有している参加者は、新たなブロックが配信されてくる度に、自分自身でそのブロックを検証します。

ブロックヘッダやブロックの含むトランザクションに問題がなければ、そのブロックをブロックチェーンの先頭に加えていきます。結果的にほとんど全てのノードサーバーが同一のブロックチェーンを持ちますが、基本的には皆それぞれが独自に正当性の検証を行ってブロックチェーンの構築を行っているのです。

フォークとオーファンブロック

ブロックはマイニングによって作成されますが、多数の人が同時にマイニングを行っているため、まれにほとんど同じタイミングで同じブロック高の２つのブロックが作られることがあります。

親ブロックは同一のものを指していますが、含まれるトランザクションは異なります。含むトランザクションが偶然一致する可能性はありますが、少なくともジェネレーショントランザクションによるマイナー自身への支払いトランザクションは同一にならないので、必ず異なるブロックとなります。これをブロックの**フォーク**と言います。

フォークしたブロックはフォークした時点においては、先に受け取ったブロックを有効なブロックとされ､後から受け取ったブロックを**オーファンブロック**（**孤立ブロック**）として将来的に使われるかもしれない情報として記録されることとなります。

有効なブロックチェーンとして保持しているブロックチェーンは**メインブロックチェーン**とも呼ばれます。

ブロックチェーンのフォーク

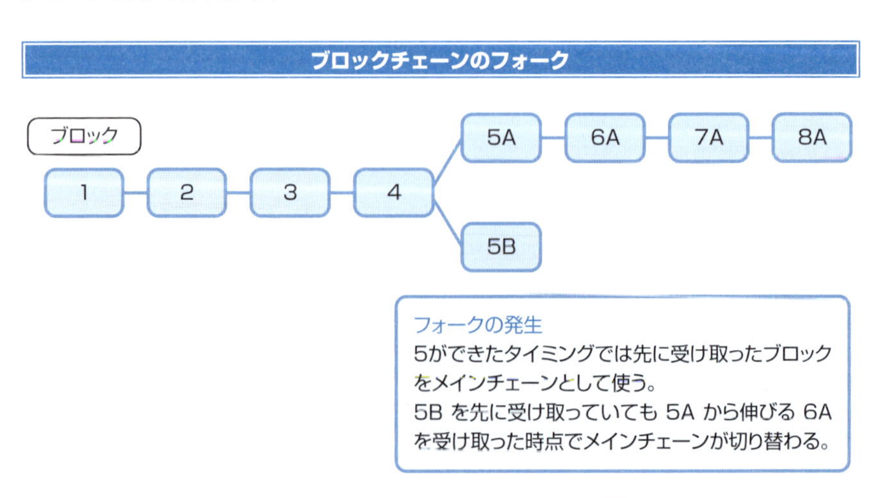

しばらくするとマイナーによって新たなブロックが作られます。ブロックの持つ親ブロックは1つですから、その新たなブロックはフォークしたブロックのうちのいずれかということになります。ノードサーバーはブロックのフォークが発生した場合、同じブロック高のブロックであれば、先に受け取ったブロックをメインブロックチェーンとして使用しますが、ブロック高に優劣が出た場合、もっともブロック高の高いブロックチェーンをメインブロックチェーンとして扱うようになっています。メインチェーンの切り替わりは「**reorg（再統合）**」とも呼ばれます。受け取ったブロックが先程メインチェーンに追加したブロックの子ブロックであればそのままメインチェーンとしてブロックを追加し、受け取ったブロックがオーファンブロックの子ブロックであればメインチェーンをそちらのチェーンに切り替えます。フォークしたブロックのそれぞれの子ブロックを再び殆ど同じタイミングで作られる可能性はありますが、ブロックの作成自体がプルーフオブワークによってネットワーク全体の計算力で10分程度かかるようなものであるため、指数関数的にその確率は減少していき、遅くとも2，3ブロックのうちにどちらかのチェーンに収束します。

トランザクションがブロックに取り込まれることを承認（Confirmation）と言い、以後ブロックが追加される度に2承認、3承認といった形で表現します。後続のブロックが数多く追加されるほど、トランザクションが取り込まれたブロックの書き換えが難しくなることから、承認回数が多くなるほど書き換わる確率が減り、より強固な記録となっていきます。多くのウォレットや取引所等が**6承認**となって初めて取引完了と扱っているのは、このフォークによってメインチェーンが切り替わることでトランザクションの記録がブロックチェーンからなくなってしまうことを防ぐためです。

3-7 マイニングとプルーフオブワーク

マイニングはトランザクションが台帳に入る送金処理の実行に相当するブロックチェーン独特の概念で、不正なトランザクションや、取引の改竄、二重支払いを防止する役目も担います。

マイニングとは

マイニングとは、リアルタイムに作成、ネットワーク上に送信されているトランザクションをまとめ、新たなブロックを作成する作業です。

ブロックに含まれることで初めてトランザクションが台帳に記録され、実際に支払いを行ったと認められることとなります。

後述のプルーフオブワークにより、ビットコインブロックチェーンではマイニングによってブロックがおよそ10分間隔で作られています。この10分間隔というのは時間に基づいて作られているというわけではなく、プルーフオブワークによってブロックを作成するのにマイニングを行っているマイナーのマイニング能力を合計した計算量でマイニングを行った場合におよそ10分程度かかる計算量に設定されているためです。

それぞれのマイナーは既に受け取っていてまだブロックに含まれていないトランザクションや、リアルタイムに配信されているトランザクションを検証、ブロックに追加しながらプルーフオブワークを行います。ブロックヘッダがプルーフオブワークの要求を満たす状態になるとそれを完成したブロックとしてネットワーク上に配信します。

コンセンサスアルゴリズム

P2Pネットワークでの仮想通貨の実現で最も難しいのは参加者の中で**共通の合意**を取ることです。

ここでいう共通の合意とは誰が誰にいくら送金したのかという実行されたトラン

ザクション情報についてです。

誰も信用することができないP2Pネットワーク上で、何らかの仕組みを用意して、全員の有効なトランザクションとそうでないトランザクションの認識を一致させる必要があり、この合意形成を行うアルゴリズムを**コンセンサスアルゴリズム**と言います。

プルーフオブワークとは

プルーフオブワークはサトシ・ナカモトによって初めて提唱された具体的なP2Pネットワーク上での仮想通貨の実現のためのコンセンサスアルゴリズムです。

プルーフオブワークの概念はその名の通り仕事量による証明です。ブロックという合意対象であり合意結果である取引データの塊の作成には膨大な計算量が必要となるルールを設けたのです。ブロックを作成しようとしているマイナーのマイニング能力、つまりハッシュの計算能力をすべて使っても10分間程度問題を解くのに時間がかかるように調整されています。

ブロックのフォークとオーファンブロックで説明した通り、ノードサーバーは最も長いブロックチェーンを有効なものとみなします。これもまたノードサーバーが各々に各自で判断、選択しているものです。ブロックチェーンの構築やメインチェーンの選定はそれぞれのノードサーバーが他のノードサーバーを信用せずに各々各自で正しいとするものを選択しているにもかかわらず結果的にほとんどすべてのノードサーバーが同一のメインチェーンを持つことになります。

プルーフオブワークの仕組み

プルーフオブワークで解かなければいけない問題は実は単なるSHA-256のハッシュ計算です。但し非常に大量に繰り返す必要があります。プルーフオブワークはおよそ2週間おきに**Difficulty**という難易度の設定がその時のネットワークの計算力に合わせて調整されています。Difficultyが示すのはブロックヘッダのhash256(SHA-256の2度掛け)したブロックハッシュの条件で、ターゲットと呼ばれる目的とするハッシュ値を示しています。有効となるブロックは当然有効なトランザクションのみを含んでいる必要がありますが、その上でブロックハッシュがその時のターゲットを下回っている必要があります。

　例えばブロック高458137のブロックはブロックハッシュが、「0x00000000000000000237e34727b6c05742db63bb5e9de2649c8c7d1fe4ca8099」で、ターゲット「0x00000000000000000024fb100458d7b200000000000000000000000000000000」です。

　第３章(3-3節「ハッシュ関数」)で説明されているように、ハッシュ値は不可逆で、求めようとするハッシュ値から入力データを逆算することができません。

　ハッシュ値は少しでもデータが変われば異なるものになるのでマイナーはブロックヘッダのtimestamp（時刻）や自由に書き込むことのできるnonceを色々異なる値にしながら条件に合うハッシュ値が得られるまで繰り返し何度もSHA-256の計算を行っています。

　ブロックヘッダにはトランザクションのマークルルートも含まれるため、含めるトランザクションもまたブロックハッシュを変動させる要因となります。

　上記のハッシュ値は16進数での表記ですので先頭の1桁が0のハッシュ値になるというターゲットであれば1/16の確率ですが２桁となるとその２乗となり1/256となります。これが３桁、４桁となると指数関数的にどんどん難しくなっていくことがわかります。

　プルーフオブワークはハッシュ関数の計算を大量に行うことによる難しさの設定なので、計算する力のことを**ハッシュパワー**と言い、**ハッシュレート**として秒間に可能なハッシュの計算量を示しています。

　現在のビットコインブロックチェーンのハッシュレートは3,400,000,000GH/sを超えています。**GH**は**ギガハッシュ**で1GH/sで秒間10億回のハッシュ計算が可能であることを意味しており、一般的なコンピュータのCPUのハッシュパワーが5～20MH/s(1MH/sで毎秒１００万回のハッシュ計算)であることからも、いかにマイニングが難しいかがわかります。

　プルーフオブワークによってそれぞれのブロックはたくさんのハッシュ計算の裏付けを持って有効なブロックとなっていますが、それぞれのブロックは親ブロックとなる時系列的に1つ前のブロックのハッシュ値をブロックヘッダに持っています。そしてブロックハッシュはブロックヘッダのハッシュ値であることから、過去のブロックを書き換えようとした時に書き換えようとするブロックが古ければ古いほどそれにかかる労力が大きくなるようになっています。

例えば次ページの図中の400001のブロックを自分に都合よく書き換えようとしていたとします。まずブロック400001の持つトランザクションリストを任意の内容に変更し、ブロックハッシュがdifficultyターゲットを下回るようにマイニングを行います。

マイニングに成功して有効となるブロックに作り変えることができたとしても、書き換える前のブロックハッシュと全く同一のものになる確率は殆どなく、元のブロックとは異なるハッシュ値となります。既に存在している400002のブロックは親ブロックとして書き換える前の400001のブロックハッシュをブロックヘッダに持っているため、そのままでは書き換えたブロックに続くブロックは存在しないことになります。書き換えたブロックはフォークしたオーファンブロックとしてそのブロック単体としては有効なものの、他により長く伸びたブロックチェーンが存在するためにメインチェーンとして使われるブロックチェーンとはなり得ません。書き換えたブロックを有効にするには本来何も変更したいものはない後続のブロックについてもすべてマイニングを行って、最新のブロック高よりもより長いブロックチェーンになるまでマイニングをブロックを作り続ける必要があります。当然、ブロックを書き換えようとする者が書き換えたブロックから続くブロックをマイニングしている間も、メインのブロックチェーンは引き続き他のマイナーによってマイニングが続けられるため、ブロックを書き換えようとする者がネットワーク全体のハッシュパワーの過半数以上が無ければ書き換えは成立しなくなります。また、書き換えようとするブロックが現在最新のブロック高に比べて古いものである程、マイニングを行う必要のあるブロック数が増える為、長時間かかるようになります。

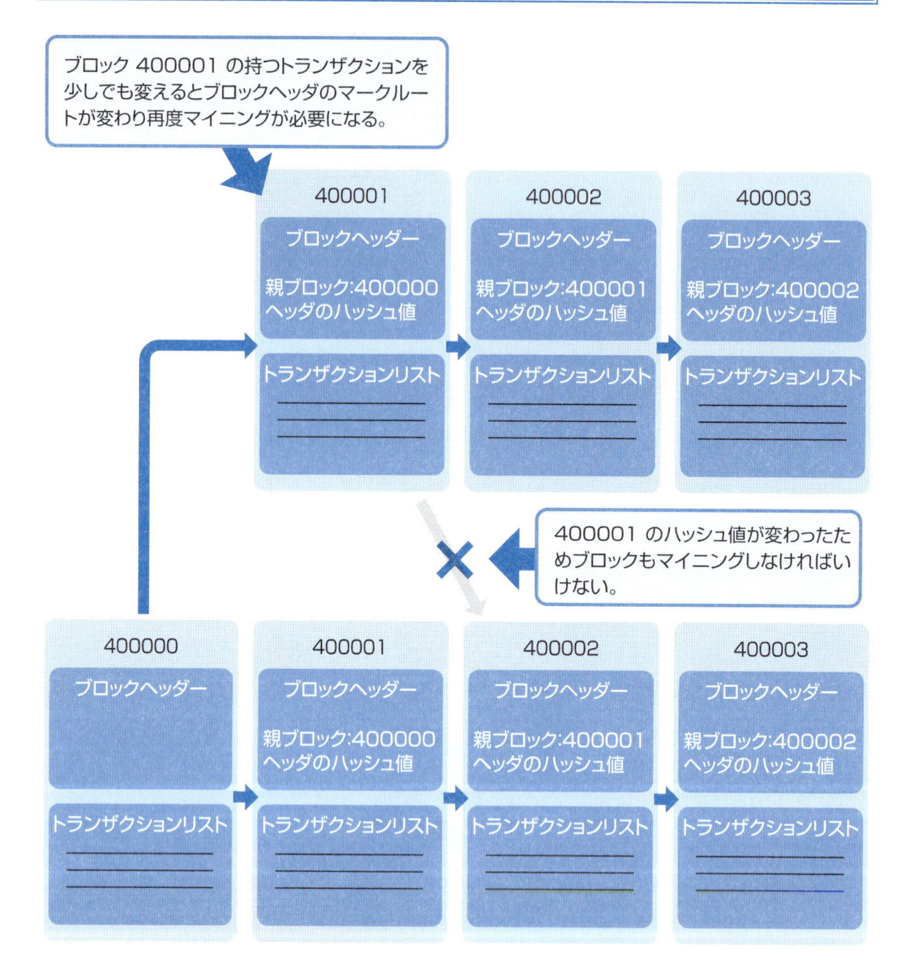

もちろん実際にはハッシュパワーがネットワークの過半数を占めていなくても運良く連続してマイニングに成功することで書き換えたブロックから伸びるブロックチェーンがメインのブロックチェーンよりもブロック高が高くなり、ブロックの書き換えに成功する確率はありますが、これについてはオリジナルのサトシ・ナカモトのホワイトペーパーで言及されており、次の式でその確率を求めることができます。

ブロックの書き換えが成功する確率算出式

$$q_z = \begin{cases} 1 & if\ p \leq q \\ (q/p)^z & if\ p > q \end{cases}$$

p＝メインチェーンをマイニングするその他のマイナーのネットワーク全体に対するハッシュパワーの割合
q＝ブロックを書き換えようとする攻撃者のハッシュパワーの割合
q_z＝zブロック遅れている攻撃者のチェーンがブロックにメインチェーンに追いつく確率

10％のハッシュパワーを保持している際に5ブロック前のブロックを書き換えようとした場合に成功する確率について計算してみると、約0.002%となります。書き換えようとするブロックが古いものになればなるほど指数関数的低い確率となっていきます。もちろんビットコインネットワーク全体の過半数のハッシュパワーを保有していればどの時点のブロックを書き換えるかによってかかる時間は伸びるものの、最終的にはメインチェーンに追いつくことができます（**51%攻撃**、3-9節参照）。

マイニングを行うマイナーのメリット

マイニングを行うマイナーの最も大きなメリットはやはり報酬です。マイニングをすることでブロック高によって定められた規定の新規発行のビットコインと作ったブロックに含まれるトランザクションの支払う手数料がブロックの作成を行ったマイナーに支払われます。報酬以外においてもマイニングはブロックチェーンの仕様の変更等、ビットコイン自体の仕組みを定める投票券のような役割も担っています。

マイナーの得る収入

新たなブロックの作成に成功した際、マイナーは2種類の収入を得ることとなります。1つは新たなに発行されるビットコインです。ブロック高により発行されるビットコインの量が変動するようになっており、50BTCを基準として21万ブロック毎に半減していきます。difficultyの調整によって2016ブロックは常におよそ2週間程度ですから、およそ4年毎に半減期を迎えることとなります。2017

年現在のブロック高はおよそ46万ですので2度半減期を迎え50 / 2 / 2 = 12.5BTCが現在のブロック毎に新規発行されるビットコインとなります。65回目の半減期（2140年頃）で半減された数値が最小取引単位の1satoshiを下回ってしまうため、以降の新規発行のビットコインはなくなります。

マイナーが得る収入のもう1つは作成したブロックが含むトランザクションの支払う手数料です。手数料についてはトランザクションを作る各個人が自由に設定できるため、ブロックによってばらつきがありますが概ね2000程度のトランザクションから1.5BTC程度が手数料となります。

加熱したマイニング競争

マイニングは金銭的な利益を伴うため、マイナーはより効率的に稼ぐため様々な手法を取り始めました。前述の通りマイニングは具体的にはブロックヘッダ内のマイナーが自由に記述可能な領域であるnonceを少しずつ変更しながらSHA-256のハッシュ関数計算をブロックヘッダのハッシュ値がdifficultyの条件を満たすまで繰り返すことです。当初は一般のコンピュータのCPUを使って計算していたSHA-256のハッシュ関数ですがより低コストでたくさんのハッシュ計算能力を得るため現在では**ASIC**（特定用途向け集積回路）としてSHA-256の計算に特化した機材を使ってマイニングを行うのが一般的になっています。そしてマイニング作業自体も個人が1台のコンピュータで行う形からマイニングプールと呼ばれる複数人による共同でのマイニングを行う形へと移行していきました。

マイニングはマイナーによって検証が終わった新たなトランザクションを含めながらブロックヘッダーのタイムスタンプを更新しながらnonceを少しずつ変更して総当りが行われています。前述のハッシュパワーの向上とマイニングプールによる共同作業によって、現在では32bit用意されているnonceでは即座に全パターンのハッシュ計算が終わってしまうようになりました。そこでマイナー達はジェネレーショントランザクションのインプットスクリプトもnonceのようにブロックハッシュの計算のための領域として使い始めました。

トランザクションリストの先頭であるジェネレーショントランザクションは無からビットコインを生み出すトランザクションで唯一UTXOをインプットとして使

わないトランザクションです。そのためジェネレーショントランザクションのインプットのスクリプト領域は無視されブロック自体が有効なものであれば有効なトランザクションとして処理されるようにできています。動作への影響は全くありませんが、インプットスクリプトを変更することで結果的にそのトランザクションのハッシュ値が変わることとなります。それはブロックヘッダーに含まれるマークルルートが変わることを意味しています。そしてマークルルートが変わればブロックのハッシュ値も変わることとなるので、実質的にnonceのように扱うことができます。ジェネレーショントランザクションのnonce用途での利用は**Extra Nonce**とも呼ばれています。

マイニングプールとソロマイニング

一人でマイニングを行うことを**ソロマイニング**と言います。ビットコイン黎明期においてはマイニングとはこのソロマイニングを指したものでしたが、次第にマイニングdifficultyが上昇するに従って難しくなっていきました。ASICと呼ばれるビットコインのマイニングを行うため専用のハッシュ計算に特化した機材を使っても電気代、ハードウェアのコストを相殺できる見込みは殆どなくなってしまったのです。現在でもソロマイニングで運よくマイニングに成功する可能性はありますが、宝くじでの1等当選のような確率の低いものとなっています。そこでマイナー達はマイニングプールと呼ばれる共同でたくさんの参加者がマイニングを行い、誰かがマイニングに成功した際はその報酬を寄与度、つまりハッシュパワーに準じて報酬を分け合うようになりました。現在ではマイナーの殆ど全員がマイニングプールに参加してのマイニングを行っています。

そこで疑問となるのが、difficultyの条件を満たすブロックを探すというアタリかハズレの何れかしかない繰り返しの共同作業を行っていく上でマイニングプールではどのようにして参加しているマイナーの寄与度を測定しているのかという疑問です。

これはマイニングプールによって細かな差はありますが、一般的には**プールDifficulty**と呼ばれるマイニングプール内での新たなdifficultyを設定してハッシュパワーの測定に使用しています。多くのマイニングプールではビットコイン・

ブロックチェーンの現在のdifficultyの1/1000をプールDifficultyに設定しています。正となるdifficultyを低く設定することでマイナーが有効なブロックとして報告する確率を上げることで各マイナーのプールDifficultyにおける正となるブロックの報告頻度によって寄与度を測定します。ビットコインでのdifficultyはターゲットと呼ばれる閾値を定め、ハッシュ値がその値を下回れば有効なブロックであるとするというものです。当然プールDifficultyを満たすブロックにはビットコインのdifficultyを満たすものも含まれています。マイニングプールは各マイナーから報告されるブロックヘッダを検証し、それがビットコインのdifficultyも満たしていればそれをビットコインネットワークに配信し、一旦マイニングプールが報酬を受け取っています。実際に作業をしているマイナーはマイニングプールでブロックが見つかる度に受け取るのではなく、マイナーが任意のタイミングで払い出しのリクエストをマイニングプールにすることで行われます。マイニングプールの運営者は運営するマイニングプールで作業するマイナーの得る収入からマイニングプール毎に定めた一定のパーセンテージ分のビットコインを手数料として得ています。

3-8 その他のコンセンサスアルゴリズム

サトシ・ナカモトによって非中央集権アプリケーションの実現のため考えられたプルーフオブワークの他、現在では新たなコンセンサスアルゴリズムが考案されています。ここでは他のコンセンサスアルゴリズムを簡単に説明していきます。

プルーフオブステーク（Proof Of Stake (PoS)）

プルーフオブワークはネットワークの総意とも言えるブロックデータの作成に非常に膨大な計算量を要します。その結果ブロックの作成に時間がかかるといった問題点や大量の計算を行うためにたくさんのASICが使われることから電気代や機材の取得コストがデメリットとして挙げられます。

また、計算能力が発言力とも言えるプルーフオブワークではビットコインのように成熟して高いハッシュパワーで運用されている場合においては問題となりませんが、ネットワーク全体のハッシュパワーと、高いハッシュパワーを持った悪意のある第三者によってネットワークの乗っ取りができてしまうという問題があります。

これに対応するために考えられたのが**プルーフオブステーク**という概念です。プルーフオブワークのように計算の能力ではなく、発行済の全コイン数量に対する保有コイン割合によって発言力が変わるようにし、電気代や機材のコストを大きく削減することを狙っています。これは多数のコインを保有している人は自分の保有しているコインの価値を下げるような行為はしないだろうという考え方に基づいています。現在では非常に多数のプロジェクトで採用され、実際のマイニングや報酬についての仕組みは多様化していますが、コイン保有量に基づくという概念で一致しています。

Proof of Work と Proof of Stake

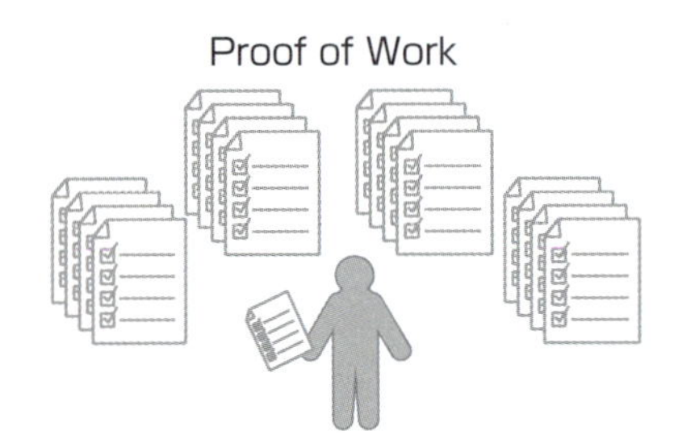

ブロックをマイニングできる確率はどれだけ仕事（コンピュータによる計算）を行なったかに比例する

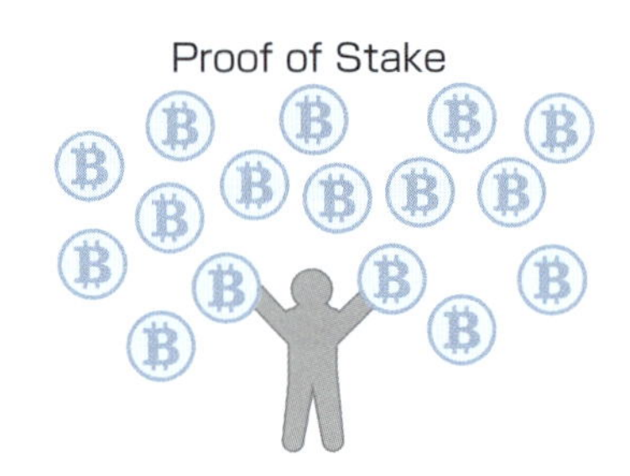

ブロックをマイニングできる確率はどれだけコインを保有しているかに比例する

プルーフオブインポータンス（Proof Of Importance（PoI））

PoSでは計算量を要さないため、電気代等の物理的なネットワークの運用コストの削減に繋がりましたが、コインの保有者のコインの溜め込みといったマイナスの要素が生まれることとなりました。

プルーフオブインポータンスはPoSの概念を拡張したもので、どれだけネットワークにとって重要な存在であるかをブロックの生成に必要な要素としています。

具体的にはコインの保有量と、取引の多さが重要度に算出に使われています。また、単純に入出金を繰り返して重要度を稼ぐことができないように入金後一定時間経過しないと重要度の計算に用いられないといった制限がつけられています。NEMというプロジェクトで採用されています。

プルーフオブヒューマンワーク(Proof of Human-work（PoH）)

プルーフオブヒューマンワークはコンピュータによる計算での仕事量の証明であるプルーフオブワークを人間の手で行おうという新しい試みです。CAPTCHAと呼ばれる人間には解くことができるが、コンピュータが解くことが難しい問題を使ってコンピュータでは解くことのできない問題を人間が答えることでプルーフオブワークの代替を行います。

ブロックチェーンでのマイニング作業を自動化するために問題の作成自体はコ

ンピュータが行えるようにしなければいけませんが、コンピュータが答えを知らずに問題を作成することができなければいけません。また、コンピュータがその答えの検証を人間の介入なしに行う必要があります。この問題の作成と答えの検証が人間の手でプルーフオブワーク相当のことを行おうとする際に最も解決が難しい課題となります。プルーフオブヒューマンワークではこれを2013年に発表された「**indistinguishability obfuscation**」（区別不可能な難読化）というものによって解決しようとしています。これはプログラム自体を暗号化させる仕組みです。

ビットコインのプルーフオブワークでの仕事量の証明は、ハッシュ関数をH、ブロックヘッダをx、ナンスをsとしてH(x,s)と表すことができます。マイナーはsを繰り返し変更しながらH(x,s)の計算を行い、その結果がdifficultyから算出されたターゲットを下回るまで繰り返します。最終的に答えの検証はマイナーから提示されたxとsのxの正当性、H(x,s)の計算を行った結果とターゲットの比較で簡単に行うことができます。「indistinguishability　obfuscation」による問題の生成ではxとsを入力として暗号化されたプログラムを実行し、内部的にxとsから生成される疑似乱数rを生成し、rから答σとパズルZを生成します。PoHでのマイニングを行う人間はZを知ることはできますが、rとσはブラックボックス内にあり確認できない状態となります。この状態でH(x,s,σ,Z)が条件を満たすものを人間が探します。パズルはCAPTCHAによって人間にしか理解できないようになっているのでコンピュータでこれを計算することはできません。

3-9 ビットコインへの攻撃手法

プルーフオブワークによって支えられるビットコインブロックチェーンですが、現在いくつかの有効となり得る攻撃手法が存在します。これらは将来的に大きな問題となる潜在的なリスクとも言えます。代表的なものについて確認していきましょう。

51%攻撃

51%攻撃はプルーフオブワークを使ったブロックチェーンで最も有名な攻撃手法です。51%攻撃をすることで過去の取引をなかったことにしたり、気に入らないトランザクションを取り込まないといったことが可能になります。

51%と言うのはハッシュパワーのことを指しています。仮に単一のマイナーがネットワーク全体の51%以上のハッシュパワーを保有していると、自分ひとりで他の人全員のマイニング能力を上回るので自分以外すべてのマイナーを否定することができるようになります。

3-6節「フォークとオーファンブロック」で説明したように、通常マイニングは複数のマイナーがそれぞれ独立して行っています。そのため偶然、ほとんど同じタイミングでブロック高が同じ全く異なる2つのブロックが作られることがあります。どのブロックも親となるブロックは一つですが、親となるブロックは複数の子ブロックを持ちうるということです。このブロックチェーンの分岐であるフォークに対応するため、ビットコインブロックチェーンでは分岐した後のブロックチェーンがより長いブロックチェーンを有効なブロックチェーンとして扱います。これは見方を変えると、ビットコインのブロックチェーンはどこまでブロック高が高くなろうとも、どの時点のブロックも完全に確定した状態にはならないということになります。過去のブロックで分岐した別のブロックチェーンのブロック高が現在のメインチェーンを上回ればその時点でメインチェーンが入れ替わります。51%はこの性質を利用する攻撃で、故意にフォークを発生させ、高いハッシュパワーを使ってフォークしたブロックチェーンを現在のメインブロックチェーンよりも長くなるまでマイニングを続けることで分岐が発生した後の取引状態を自由に変更します。但し、ブロックチェーンはそれぞれのブロックに親となる1つ前のブロックのハッシュ値を持つことから、フォークを発生させたブロック以降、書き換え対象のメインチェーンのブロック高に追いつくまで全てのブロックのマイニングを行う必要がある性質上、古いブロック程書き換えるのに労力がかかります。それでもネットワーク全体の51%以上のハッシュパワーがあれば、いずれはメインチェーンのブロック高に追いつき、追い越すこととなります。

現状有効な対策は存在しません。また、現実的には大手のマイニングプールが結託すれば51%を行うことが可能な状況ですが、マイニングプールは過去のブロックの書き換えを行うよりもメインブロックチェーンでマイニングを行っていたほうが利益があるため、この攻撃が行われて問題になるといったことは起きていません。

シビルアタック

シビルアタックはビットコインブロックチェーンのノードサーバーがP2Pのネットワークで接続を行っていることを利用した攻撃手法です。特定のノードサーバーに対して攻撃を仕掛け、そのノードサーバーが最新のブロックの確認ができないようにしたり、攻撃の対象者に向けて攻撃者が都合良く作成したブロックを配信することが可能になります。

一般的にビットコインのノードサーバーはピアとして複数の他のノードサーバーと接続し、トランザクションの送信やブロックの伝搬に利用しますが、シビルアタックは攻撃対象の接続するノードサーバーを、攻撃者の配下にあるノードサーバーで埋め尽くします。そうすることによって攻撃対象が送信したいトランザクションの握りつぶしや攻撃対象へマイナーが作成した新たなブロックの送信をシャットアウトすることができるようになります。シビルアタックによって正常なブロックチェーン上での活動ができなくなることを防ぐため、ノードサーバーを世界中各地に用意しておき、メインとして使うノードサーバーは自分が用意した信用できるノードサーバーにのみ接続する等の対策が可能です。

シビルアタック攻撃の図

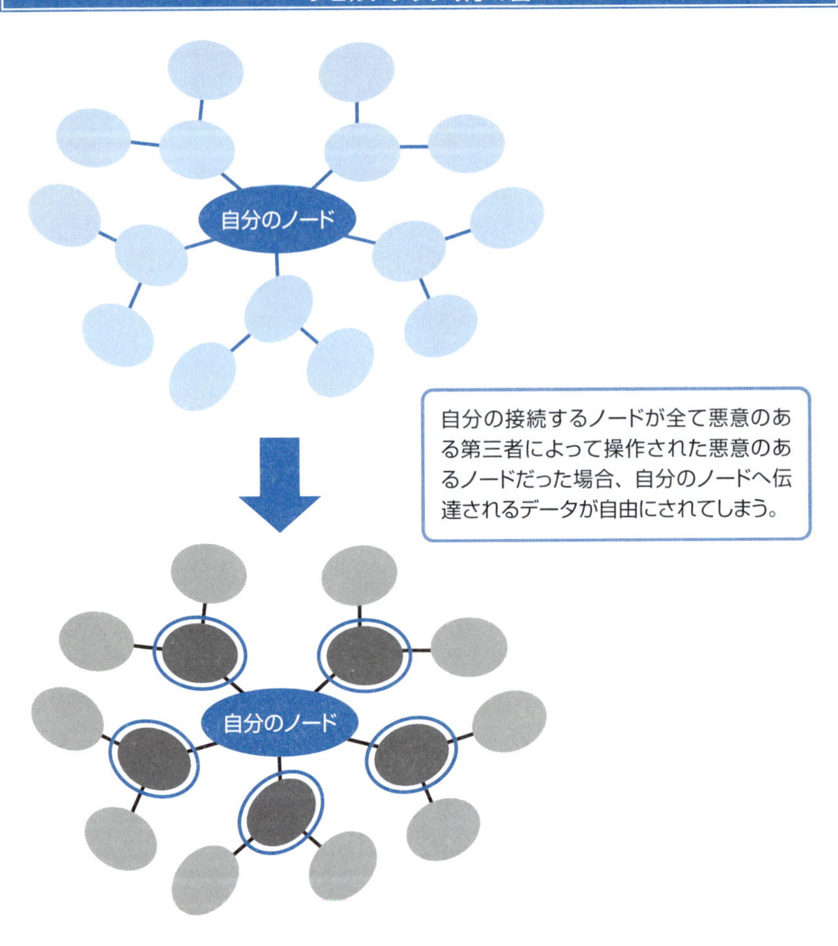

トランザクション展性

トランザクション展性はトランザクションが無効にならないように書き換えを行うことでトランザクションハッシュを変更させる攻撃です。

送金額や使用しているインプットの変更はできませんがトランザクションハッシュだけを変更することができます。

この攻撃は実際に大きな被害をもたらした事件にも使われています。

例えばMt.Goxの事件もこのトランザクション展性を使ったものでした。Mt.Goxは預け入れられているビットコインの出金をプログラムで行っていたのですが、このプログラムが出金の受付があると自動的に指定金額分の送金トランザクションを作成し、そのトランザクションハッシュをデータベースに記録し、そのトランザクションハッシュがブロックに含まれれば送金が完了と判定していました。トランザクションハッシュがブロックに含まれなければ、送金に失敗したと判定して、再度トランザクションを作成し送信するようになっていたのです。そこで攻撃者は、出金の操作を行った上でMt.Goxの送信するトランザクションのトランザクションハッシュを変更して再度ネットワーク上に送信しました。変更後のトランザクションのほうがブロックに含まれると、実際には送金が完了しているにもかかわらず、Mt.Gox側のシステムでは送金失敗と判断され、再送金が行われることとなります。これを繰り返すことで大量にビットコインが盗まれることとなりました。

技術的にはトランザクション展性はビットコインの署名の仕組みを悪用しています。ビットコインのトランザクションの秘密鍵を使った署名は署名前のトランザクションのハッシュ値を秘密鍵で暗号化することで行いますが、トランザクションを識別するためのトランザクションハッシュはスクリプトを含めたトランザクション全体のハッシュ値を使うようになっていることに起因しています。そのためスクリプト部分の挙動を変えないようにスクリプトを書き換えることでトランザクションハッシュの変更ができます。現在SegWit（2-6節の「SegWit」参照）という完全に署名部分を別領域に持っていく改善案の導入がマイナーのマイニングによる投票のような形で導入の試みが行われているため、SegWitを使ったトランザクションへ移行されれば無くなる攻撃手法です。

DDoS（Distributed Denial of Service）攻撃

DDoS攻撃はサーバーの負荷や通信量を増加させ、サーバーのレスポンス速度の低下や、サービスの停止を目的とした攻撃手法です。基本的にインターネット上のサーバーはどこからのリクエストにも応答します。例えばウェブページをホスティングしているサイトであればHTTP通信のリクエストを受け取れば、それに応答してウェブページ本文やウェブページ内の画像等のデータを返却します。DDoS攻撃は、ハッカーによってハッキングされたたくさんのコンピュータから一斉に攻撃対象に対してリクエストを送信させるものです。リクエストを送信するのは無関係の多数のコンピュータであるために真の攻撃者を割り出すことが難しく対策が難しい攻撃手法です。

本来P2Pで分散的に存在するたくさんのノードサーバーによってビットコインが稼働しているため、DDoS攻撃のような特定の対象のサービス停止を狙った攻撃には耐性があります。但し、ビットコインのブロックマイニングに関しては現状大手のマイニングプールがネットワーク全体のハッシュパワーの多くの割合を占めています。マイニングプールはマイニングプールからnonceを除くブロックヘッダをマイニングプールに参加してマイニングを行うマイナーが受け取り、条件を満たすブロックヘッダになるようにnonceを変更しながらハッシュ値の計算を行っていきます。ブロックの構築やnonceを除くブロックヘッダの生成はマイニングプールが管理するサーバーによって行われており、リアルタイムに更新されていきます。DDoS攻撃によってこのサーバーが攻撃されるとマイニングプール全体が機能不全となる恐れがあります。マイニングプールの持つハッシュパワーが低ければ、それは局所的な攻撃対象となったマイニングプールとそのマイニングプールを利用しているマイナーのみが影響を受けるだけです。しかし、ハッシュパワーがネットワーク全体の中で見ても数割を超えるマイニングプールが出てきていることから、特定のいくつかのマイニングプールが機能不全に陥るだけでブロック生成に非常に時間がかかるようになってしまいます。現状ではスケーラビリティの問題もあり、おおよそ10分おきに作られているブロックにはデータサイズ上限までたくさんのトランザクションが入った状態です。ブロックの生成間隔が攻撃によって低下すると取引が中々成立しないだけでなく、時間当たりの処理可能なトランザクションが低下することで手数料が高騰することが考えられます。

第4章

その他のブロックチェーンを使ったプロジェクト

ビットコインが登場してから、仮想通貨のための利用から、自由にプログラムを定義、実行し、その記録をブロックチェーンで行うEthereum（イーサリアム）や、ビットコインのブロックチェーンをそのまま利用して、独自の仮想通貨を新たに作り出すことのできるCounterparty等、様々なブロックチェーンの利用の仕方が生まれました。中でも代表的なブロックチェーンを利用したプロジェクトについて確認していきましょう。

4-1 ブロックチェーンプロジェクトのタイプ

ブロックチェーンを使ったサービスは、どのようにブロックチェーンを利用するかという点で、幾つかに分類することができます。それぞれのサービスを紹介する前にまず、今日ブロックチェーンがどのようにカテゴライズできるかを確認していきましょう。

トランザクションの承認を行う人による分類

ビットコインは自由に誰でも参加可能なネットワークです。ビットコインを使い始めるにあたってどこかに登録したり、身分の証明等を行う必要はありません。すべての取引の記録が格納され、コインの発行を行うブロックの作成ですら誰でも自由に行うことができます。このようなブロックチェーンを**非許可型ブロックチェーン**(Permissionless blockchain)と言います。サトシ・ナカモトによって非中央集権型アプリケーションとして稼働しはじめたブロックチェーンですが、特定の組織や団体に依存することなくコインの発行、管理を行うことができるようになった反面、ビットコインで使われるコンセンサスアルゴリズムであるプルーフオブワークや管理する団体が存在しないことから起こる次のようなデメリットが発生しました。

- 誰でも人の許可や事前の登録なく自由に使うことができることから、詐欺やドラッグ等の違法品の売買、マネーロンダリング等、いかなる犯罪行為においても使用することができる。また、詐欺等の犯罪行為でコインを得た旨を公言したとしても、そのコインの凍結を行うことはできない。
- 継続的にセキュリティを高めるため、たくさんのマイナー、ハッシュパワーを要する。そのためにも金銭的なインセンティブを用意しなければならない。
- 常に51%攻撃による台帳の書き換えが行われるリスクが発生する。
- システムに新たな機能を実装する場合において、ブロックチェーン全体と

しての合意を得る必要がある。そのため非常に時間がかかってしまう。また、本当に優れた機能であったとしても結果的に拒絶され、適用することができなくなることもある。

上記のようなデメリットをなるべく無くしながらも、ブロックチェーンの良い側面のメリットを享受するため、特定の組織、団体のみがブロックの作成を行うことができるようにしてブロックチェーンを利用するプロジェクトが出始めました。このような利用のされ方をするブロックチェーンを**許可型ブロックチェーン**(**Permissioned blockchain**)と言います。トランザクションの承認を行う特別な権限を持つ主体が個人や単一の組織ではなく、複数の組織からなるグループによって行われる場合、許可型ブロックチェーンの中でも、**コンソーシアムブロックチェーン**（**Consortium blockchain**）と呼ばれます。

許可型ブロックチェーンは非許可型ブロックチェーンのようにマイニング報酬として金銭的な報酬を用意してマイナーを集める必要がないため、一般的に手数料は許可型ブロックチェーンのほうが安くなる傾向があります。また、特定の組織によりトランザクションの承認が行われるので、５１％攻撃のリスクが低減し、悪用されたコインの凍結等も行うことができるようになる上、プルーフオブワークのような長時間かかる作業を行う必要がないのでブロックの生成間隔も短くなる傾向があります。その反面、ビットコインブロックチェーンで実現された最も画期的であった非中央集権であるメリットは失われることとなります。

今日ではそれぞれのサービスの側面に合わせて非許可型、許可型共に広く使われています。また、どちらの方式も用意されているハイブリッドのようなプロジェクトも出てきています。

パブリックブロックチェーン、プライベートブロックチェーン

ブロックチェーンを分類する上で最もよく使われる用語として**パブリックブロックチェーン**と**プライベートブロックチェーン**があります。使われ方として一般的には2つの使われ方で使われています。

- 誰がブロックチェーンを承認するのかの観点（許可型ブロックチェーン、非許可型ブロックチェーンと同義としての使用）
  - プライベートチェーン：許可型ブロックチェーン
  - パブリックチェーン：非許可型ブロックチェーン
- 誰がブロックチェーンに参加できるかの観点
  - プライベートチェーン：限られた人のみが参加することができるブロックチェーン
  - パブリックチェーン：誰でも参加可能なブロックチェーン

本書ではプライベートブロックチェーンとパブリックブロックチェーンを誰がブロックチェーンに参加できるかの観点としての意味合いで使用します。

ビットコインをはじめとして利用者として一般の人を想定しているサービスの多くはパブリックチェーンとなっています。一方、プライベートブロックチェーンは銀行や企業の利用を想定したサービスで使われる傾向があります。

ブロックチェーンの利用法

ここまでブロックチェーンの公開範囲や誰がトランザクションを承認するかといった直接的なブロックチェーンの種別分けについて説明してきましたが、ブロックチェーンを利用するサービスは新たにブロックチェーンを構築しているとは限りません。中にはブロックチェーンを自分で構築することなく、他のサービスのブロックチェーンをそのまま利用して新たなサービスを構築しているプロジェクトも存在します。他のブロックチェーンを利用した上で、自分でもブロックチェーンを構築する複合型としての利用もあるため、ブロックチェーンの利用の仕方という意味では次の3種類と見ることができます。

1. 新たなブロックチェーンを構築し、それを利用する
2. ビットコインのような既存のブロックチェーンを用いてその上でサービスを構築する
3. 新たなブロックチェーンを構築した上で、既存のブロックチェーンも様々な形

で活用しサービスを構築する

1の「新たなブロックチェーンを構築し、それを利用する」は、そのままの意味で新たなブロックチェーンを作り出し、それを利用してサービスを提供します。独自のものを新たに作り出すということなので、コンセンサスアルゴリズムや、ブロックの生成間隔、コインを発行する場合はコインの発行量等、すべてを自由に決めることができます。なんでも自由にできる反面、マイニングを行ってくるマイナーを集めたり、利用者の獲得もゼロから行わなければいけません。

2の「ビットコインのような既存のブロックチェーンを用いてその上でサービスを構築する」は既存のビットコインのようなブロックチェーンをそのまま利用します。ビットコインを利用する場合であれば、トランザクションのアウトプットでOP_RETURNやスクリプトを模した形で任意のデータを埋め込むことができるので、それを利用して新たなサービスを作り出します。既に稼働している他のブロックチェーンをそのまま利用するのでブロックチェーンについては何も自由度がありませんが、ビットコイン等の既に成熟したブロックチェーンを使うことで利用するブロックチェーンのセキュリティ性や改竄の難しさ等をそのまま享受することができます。

3は1と2の考え方をかけ合わせたようなものです。既存のブロックチェーンの利用は様々な形で行われていますが、「**サイドチェーン**」と総称される他のブロックチェーンの側鎖として新たにブロックチェーンを構築するものと、「**マージマイニング**」と呼ばれる他のブロックチェーンのマイニングを自分のブロックチェーンで利用する使い方が最も多い使用法です。また、既存のブロックチェーンの利用と記載されてはいますが、殆どのプロジェクトではビットコインのブロックチェーンを利用しています。サイドチェーンやマージマイニングについてはそれを利用するサービスの説明の箇所で改めて詳しく行います。

4-2

Ethereum

Ethereum はスマートコントラクトを実現する画期的なブロックチェーンの利用の仕方をしたプラットフォームです。

ビットコインとの相違点やできること、問題点について確認していきましょう。

Ethereum とは

Ethereum（イーサリアム）は非中央集権アプリケーションのためのプラットフォームです。ブロックチェーンの数あるプロジェクトの中でビットコインに次いで2番目に取引所での出来高や、一般利用での普及が進んでいるプロジェクトです。ビットコインが登場してから新たなコインを作るため、投票システムを非中央集権的に実現するためであったりと、様々な目的のサービスを非中央集権アプリケーションとして実現するためにブロックチェーンを利用したサービスが登場しました。Ethereumはそのようなサービスを実際に動かしたいサービスの部分のみを開発すれば、Ethereumのネットワーク上で運用することが可能になります。

Ethereum 仕様

項目	説明
公開日	2014年1月2日
名称	Ethereum
コンセンサスアルゴリズム	Ethereum Proof of Work/Proof of Stake
ブロック報酬	5ETH
ブロック生成間隔	およそ 15 秒毎
トランザクション承認	非許可型
公開範囲	パブリック
ブロックチェーン	独自新規ブロックチェーン
公式サイト	https://www.ethereurn.org/

Ethereumは**Ether**（**ETH**：**イーサー**）という基軸通貨を持ちます。スマートコントラクトの利用や、スマートコントラクトのアップロードを意味するデプロイ、又はただ単に送金を行う際に使用されます。また、ビットコイン同様複数の単位が用意されています。

Ether単位

1Ether =	
1,000,000,000,000,000,000	wei
1,000,000,000,000,000	Kwai
1,000,000,000,000	Mwei
1,000,000,000	Gwei
1,000,000	szabo
1,000	finney

スマートコントラクト

Ethereumは**スマートコントラクト**を非中央集権的に動かすことができます。この「スマートコントラクト」という言葉は様々な意味合いで使われ、正確に定義することが難しいのですが、一般的には効率的に契約(合意)を行うことができるものといった意味合いで使われます。スマートコントラクトを説明する上で、わかりやすい例としてよく使われる自動販売機の例があります。

当たり前のことですが、一般的にジュースやその他商品を販売する自動販売機は次の手順で商品を購入することができます。

1. 自動販売機に販売されている商品とその価格が表示される。
2. 購入したい商品の価格分のお金を自動販売機に入れる。
3. 購入したい商品を選択する。
4. 自動販売機が選択された商品を排出し、購入代金を売上として貯蔵する。

小さな子どもでも簡単に利用することができる自動販売機ですが、条件である商品とその価格が提示されており、それに合意した上で代金を支払うと、自動販売機が商品代金を受け取った対価として商品を渡すという債務を自動的に履行していると言い換えることができます。これはまさに契約とその履行で、自動販売機はそれを人間の介入なく自動的に受け付けているのです。

スマートコントラクトはこの自動販売機の例のように、一定の条件と成果を設定し、自動的に受付、履行を行うものです。

契約や合意と表現すると難しく聞こえますが、既存のプログラムの多くはスマートコントラクトとして表現することができます。Ethereumでも多岐にわたってスマートコントラクトのプログラムが実現されています。

ビットコイン同様にEitherの送金はトランザクションを送信することで行われますが、スマートコントラクトのデプロイや利用もトランザクションとして表現されます。例えばスマートコントラクトを利用して投票システムを作る場合の例で簡単な利用の流れを説明します。まず、スマートコントラクトのプログラムを開発します。Ethereumのスマートコントラクトは最終的にはバイトコードとして実行されますが、数値の羅列では人間が理解することができないため、**Solidity**と呼ばれるプログラミング言語が用意されています。Solidityで開発を行った後、作ったプログラムが誰でも利用できるようにEthereumブロックチェーン上に格納するためにスマートコントラクトをデプロイするトランザクションを生成、送信します。トランザクションがマイナーによってブロックに格納されると、投票システムのアドレスが生成されます。このスマートコントラクトを利用する場合、送り先をこのスマートコントラクトのアドレスに設定した上で誰に投票するか等の必要事項を埋め込みトランザクションを送信すると、投票の実行が行えます。すべてのデータは公開されているため、投票を行うにはトランザクションを送信する手数料が発生しますが、現在の投票結果がどのようになっているかを参照する場合は、ブロックチェーンのデータを確認するだけで良いので、費用の発生なく閲覧することができます。

アカウント

一般的にはウォレットが内部で行ってくれるので普段気にする必要はありませんが、ビットコインでは取引毎に新たなアドレスを用意し、自分が今までに受け取ったUTXOの総量を計算することで残高を求めることができるようになっています。つまりビットコインブロックチェーンに記録されているデータは過去の1件1件の取引であって、その結果誰がいくらコインを保有しているかという情報は記録されません。一方、Ethereumでは秘密鍵に対応するアカウント概念を利用しています。秘密鍵から作られたアカウントは繰り返し取引に利用され、ブロックチェーン上ではそれぞれのアカウントが保有するEtherの残高や、その他そのアカウントに関する各種データが記録されています。Ethereumにおけるトランザクションの送信はこのアカウントの状態を変更するために行うことであると言えます。

Ethereumには2種類の**アカウント**が存在します。1つは**EOA**（Externally Owned Account -（システムの）外部が保有するアカウント）と、もう一つは**Contract**アカウントです。EOAは一般のユーザーによって生成、利用されるアカウントです。普段Etherを送信する場合や、スマートコントラクトのデプロイや利用する場合に使われます。ContractアカウントはEOAによってスマートコントラクトがデプロイされたことによって生成される、デプロイされたスマートコントラクトの情報を記録するためのアカウントです。

それぞれのアカウントが持つデータは、主に次のデータが記録されています。

- **nonce：アカウントが送信した累積のトランザクション数**
- **ether 残高：アカウントが保有する ether の残高**
- **コントラクトコード：スマートコントラクトのプログラムコード（Contract アカウントのみ）**
- **ストレージ：アカウントが保有する任意のデータ**

上記の項目からお気づきの方もいるかと思いますが、スマートコントラクトのコントラクトコードとは、アカウントの持つストレージ領域に何を情報を保存し、どんなトランザクションが送信されてきた場合にどうやってその情報を変更するかを定めるものです。例えば、独自の通貨を実装したスマートコントラクトの場合、それぞれのユーザーの保有する残高はそのスマートコントラクトのコントラクトアカウントの持つストレージ内に記録されます。コントラクトコードとしては、EOAから送金を行うトランザクションが送られてきた際に、コントラクトアカウントの持つストレージデータ内の送金元のアドレスの保有するコインの残高を示す箇所を送金額分減らし、送金先のアドレスの残高を示す箇所を着金額分増やして記録するといったことが書かれています。

チューリング完全

Ethereumが紹介される際、多くの場合、Ethereumは「**チューリング完全**」なプログラミング言語を備えているといった紹介のされ方をします。チューリング完全とは簡単に説明するとループ(繰り返し)処理ができるということです。つまり、Ethereumでは繰り返し処理を記述することができます。ビットコインでもトランザクションで使われているビットコインスクリプトと呼ばれるいくつかの命令文を持った言語が内蔵されていますが、ビットコインスクリプトはチューリング不完全でループ処理ができません。その程度はできて当たり前に思えますが、ビットコインやその他ブロックチェーンではチューリング不完全が採用されている理由として無限ループがあります。例えば次のようなプログラムです。

1. 入力として整数値を受け取る
2. 「1」で受け取った数値を2倍する
3. 「2」の結果が奇数であれば終了する。偶数であればランダムに整数値を選び、それを入力値として「1」に戻る

整数値は2倍すると常に偶数となるため終了することがなく、無限に1から3の処理を繰り返すこととなります。パブリックブロックチェーンでこのような無限ループをトランザクションで使えるようにしてしまうと、世界中のノードサーバが一斉に終わらない処理を始めてネットワーク全体が機能しなくなってしまいます。Ethereumではチューリング完全の言語を使ってスマートコントラクトの実現がで

きるようになっていますが、無限ループによるネットワークが機能しなくなることを防ぐために工夫された仕組みが用意されています。

ガス（Gas）

ガスはEthereumでコントラクトを実行するために必要な燃料の概念です。スマートコントラクトのプログラムはすべての処理にどれだけのガスが必要か規定されています。例えばハッシュ関数の計算をするには20gasがかかり、ストレージのデータの更新を行うには100gasかかるといった具合です。また、純粋なEitherの送信にもまたガスが必要となり、Eitherの送信には2万1000gasが必要です。スマートコントラクトではたくさんの処理を実行すればするほど累計で必要なガスが増えていくということになります。

Ethereumでのトランザクションはガスに関する2つの設定欄があります。

- **GasLimit: トランザクションの実行で使用するガスの上限値**
- **GasPrice: 1gas あたりに支払う Either**

GasLimitは**StartGas**とも呼ばれています。例えばGasLimitに1,000、**GasPrice**に10szabo（100万分の1ETH）が設定されているスマートコントラクトのトランザクションをマイナーが処理する場合、処理を開始する前に1000（GasLimit）× 10（szabo）の10,000szaboをトランザクションの送信元アドレスの保有するEther残高から差し引きます。そしてスマートコントラクトの処理を1つずつ行っていきます。1つ処理を実行する度にそれにかかったガスをGasLimitである1000から差し引いていきます。最終的にGasLimitを使い果たす前に処理が完了した場合、残ったガス分×GasPriceに設定した値が払い戻され、正常に処理が完了します。GasLimitを使い果たして、処理がまだ残っている場合は燃料不足で処理を取りやめます。この際、予め払った10,000szaboの払い戻しはありません。トランザクションの実行に失敗し、10,000szabo手数料として支払ったということがブロックチェーンに記録されます。

つまり、GasLimit及びGasPriceは手数料に関する項目です。GasLimitを設けて処理を行っていくうちにGasLimitに達すると処理を打ち切るようにすることで無限ループの問題を解決しています。また、意図しないプログラムによって大量の手数料がかかることの防止にもなっています。元々それぞれの処理に設定されている必要ガスは必要なコンピュータの演算能力になるべく対応するように設定されているので、マイナーはGasPriceで1gasあたりでより多く手数料を支払ってくれるトランザクションから優先的にマイニングする傾向があります。

スマートコントラクトでできること

スマートコントラクトで多くのプログラム的な処理は実行できるようになります。当然、電卓のような単純な数式計算を行うスマートコントラクトも記述できますし、なるべく永続的にデータを記録しておくためのデータベースとして利用することもできます。また、Oracle*というサービスを利用することでスマートコントラクトから現実世界に存在するサーバーからデータを取得することも可能です。現在の株価や天気予報の結果等の取得等、Webサーバーとして存在しているものであれば何でも利用することができます。また、スマートコントラクトは他のスマートコントラクトの実行も可能です。これは言い換えるとスマートコントラクトがトランザクションを作成できることを意味しています。このことによりEthereum上に存在するたくさんの独自通貨の交換所のようなものも作成できます。

様々なことができますが、行う処理に対して必要となるGasは一般的に自分でコンピュータを用意して実行させるよりもずっと割高です。そのため、難しい計算や大きなデータの保存には向いていません。また、本来Ethereumは非中央集権型の分散アプリケーションを実現するためのプラットフォームです。そのため、何かの試合結果や天気等、現実世界のでき事を使ってのギャンブルのスマートコントラクトを作る場合、最終的にその結果を何らかの形でスマートコントラクトに入力する必要があるわけですが、それを行うのが人である管理者であったり、Oracleを使って特定のサーバーから取得する情報だったとすると、管理者やサーバを「信用」する必要が出てきます。そういったものよりは宝くじやサイコロの目等、スマートコントラクトとして他のシステムや人に依存することなく実現できるもののほうが非中央集権型として運用するには相性が良いと言えます。一般的に最も

* Oracle社のOracle Databaseとは全く関係のない、ブロックチェーン外の情報をブロックチェーン内に提供するサービスやサーバの総称です。

多く使われている使い方は**独自トークン（通貨）**の実現と、**投票システム**です。

他のブロックチェーンにも共通して言えることですが、現状ブロックチェーンを使わなければ作れないアプリケーションは残念ながら存在しません。成功したEthereum上のプロジェクトの多くは、なるべくEthereumの特性としての改竄への耐性や分散型であること、非中央集権型アプリケーションであることのメリットを活かした利用をしたものになっています。

Ethereumの問題点

Ethereumの問題点として挙がる最も有名なものは**The DAO**の事件です。The DAOは分散型の投資ファンドを実現するためのスマートコントラクトとして作られました。数あるEthereum上のプロジェクトの1つですが、The DAOはクラウドファンディングで最終的に150億円相当の出資を集めた大型プロジェクトです。The DAOは投票によって投資先を決め、実際に投資を行った結果の配当をすべてスマートコントラクトで行うというものなのです。**Split**と呼ばれる最終的にEtherとして自分のアドレスに戻すことができる機能が用意されていたのですが、そこにバグがありました。このバグは悪意のある攻撃者によって利用され、50億円相当以上が盗まれる事態となります。ここまでの話は、Ethereum上の1プロジェクトの失敗でしかないのですが、Ethereumコミュニティと開発者はこの攻撃に対する対応として**ハードフォーク**と呼ばれる、この攻撃が起こったブロックチェーン上の記録をすべてなかったことにしたブロックチェーンに乗り換える対応を行おうとしました。良くも悪くも管理する団体が存在せず、定められたシステムによって運用されるEthereumでこのような中央集権的な行為を快く思わない人たちがこれに反対し、ハードフォークを受け入れませんでした。結果的にEthereumはハードフォークを行ったブロックチェーンと、受け入れなかったブロックチェーンに二分されることとなり、分裂することとなってしまいました。現在ではハードフォークを受け入れなかったブロックチェーンはEthereum Classic（ETC）としてEthereumとは異なる別の通貨として取引所等でも取引されています。ハードフォーク自体は全員が賛同する内容であれば問題がないのですが、開発者やコアのコミュニティメンバーが強引に推し進めたことが問題となったのです。

4-3

Counterparty

Counterpartyは独自の通貨の発行、その取引を行う取引所が一体となったサービスです。独自にブロックチェーンを構築せず、ビットコインのブロックチェーンを利用しています。

Counterpartyとは

Counterparty（**カウンターパーティー**）はビットコインのブロックチェーンをそのまま利用し、独自のブロックチェーンは持たない金融プラットフォームです。基軸通貨として**XCP**を持ち、XCPを使って新たな独自通貨を発行することができます。また、Counterparty内で作られた独自通貨とXCPの取引所が内蔵されています。ビットコインのブロックチェーンをそのまま使っているのでビットコインの持つプルーフオブワークによる強力なセキュリティ性をそのまま受け継いでいます。Counterpartyは完全に独自トークンの生成、その取引を行うということに特化したプラットフォームなので、Ethereum等と比較して非常に簡単に新たな独自トークンを作成することができます。

Counterparty仕様

項目	説明
公開日	2014年1月2日
名称	Counterparty
コンセンサスアルゴリズム	Proof of Work (Bitcoin)
ブロック報酬	なし(Bitcoin)
ブロック生成間隔	およそ10分毎(Bitcoin)
トランザクション承認	非許可型(Bitcoin)
公開範囲	パブリック
ブロックチェーン	独自新規ブロックチェーン
公式サイト	https://www.counterporty.io/

ビットコインブロックチェーンを使ったサービス構築

Counterparty 送金を行うトランザクション

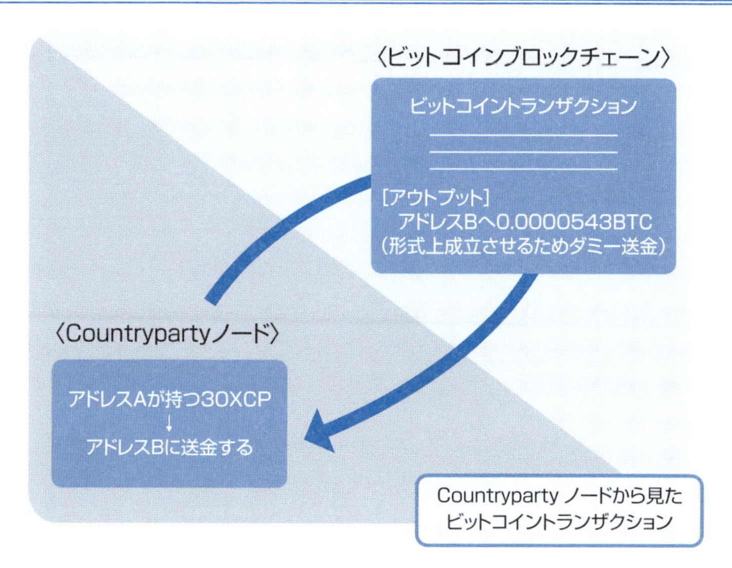

ビットコインは本来ビットコインの取引とその記録だけができる仕組みなのは第3章でも説明してきた通りです。本来は拡張性という意味では、ビットコインプロトコルは新たなサービスを構築するようなことは考慮されて作られていません。ですが、ビットコインのアドレス、トランザクションで説明した通り、ビットコインの送り先の指定は、正確には使用可能条件定義でしかありません。事前に定められたものしか入力できないわけではないので、それなりに自由にデータの挿入ができるようになっています。そこでロッキングスクリプトとして、任意のデータをトランザクションのアウトプット内に埋め込んでしまうのです。当初は任意のデータを通常のアウトプットとして埋め込んでいたので、実際に非常に少額ながら送金を行っていました。その送金されたトランザクションのアウトプットのスクリプト領域は任意のデータを埋め込むことだけに使われているので、その送られた少額のコインは誰も利用することのできないUTXOとなっていました。現在では、このような任意のデータを記録するためのOP_RETURNというオペレーターが実装

されたことは第3章のトランザクションの説明でした通りです。

ビットコインの通常のトランザクションとしてデータを埋め込み記録していくことでトランザクションのデータはビットコインを支える非常に高いハッシュパワーによるプルーフオブワークで任意のデータを公に保存することができます。ビットコインのノードサーバーから見ると、Counterpartyを利用するトランザクションはただのビットコインのトランザクションとして処理されます。CounterpartyではCounterpartyノードと呼ばれるノードサーバーを利用して、ビットコインブロックチェーンとしてビットコインブロックチェーンに記録されたCounterpartyを利用するためのトランザクションがないか各ブロックごとに確認し、Counterpartyトランザクションが見つかった際は、そのトランザクションが何を行っているかを確認し、データベースに保存していきます。ノードサーバーと呼ばれてはいますが、ビットコインのようにブロックの検証を行ったり、マイニングを行って新たなブロックを作るといったことはしません。既に存在するビットコインブロックチェーンを解析し、Counterpartyとしての記録を行っていくためのものです。任意のデータとして埋め込まれるのは、新たな通貨を作るといった内容であったり、Counterpartyの基軸通貨であるXCPを誰に送金するといったデータです。

プルーフオブバーン（Proof of Burn (PoB)）

CounterPartyは基軸通貨としてXCPを持っています。仮にいきなり「XCPという新たな通貨を発行します」と宣言してもそのコインに価値は全くありません。ビットコインのブロックチェーンを利用してビットコインとしては無意味なデータを埋め込んでいるだけなのでその価値の裏付けはそのままでは全くないためです。CounterpartyではXCPに価値をつけるために**プルーフオブバーン**という手法が使われました。直訳すると「燃やすことによる証明」となりますが、これは一体どのようなものなのでしょうか。

プルーフオブバーンは誰も使うことができないアドレスに対してビットコインを送金させ、送金されたビットコインに対応するXCPをビットコインの送金者が保有していることと考えることです。ビットコインのアドレスの説明にある通り、ビットコインのアドレスは秘密鍵から作られるもので、アドレスから秘密鍵を生成することはできません。Counterpartyでは「1CounterpartyXXXXXXXXXXXXXXUWLpVr」というアドレスでビットコインの入金の受付を行いました。アドレスを見てわかるとおり、このアドレスはCounterpartyが秘密鍵から作り出したものではなく、アドレスとしての条件を満たすために先頭にアドレス種別や、後ろにチェックサムが入っているものの、Counterpartyが意図的に文字を埋め込んだだけのアドレスです。このアドレスになる秘密鍵を探そうとしても現在のコンピュータの計算能力では現実的に探し出すことはできません。つまりこのアドレスが受け取ったコインは誰も使うことができません。その上でCounterpartyとして、このアドレスに送金されたビットコイン数量に対応する形でXCPを生み出すことで、二度と使えないという形で封じ込められたビットコインの価値がXCPに転移することを狙ったのです。最終的には2000BTCを超えるビットコインが集まり、当然現在もこのアドレスに送られたコインは1satoshiも使用されていません。

Counterpartyのメリットとデメリット

Counterpartyの最大のメリットはトランザクションがビットコインのトランザクションとしてビットコインブロックチェーンに格納されるので、ビットコインのセキュリティ性を完全にそのまま継承している点です。また、金融専用のプラットフォームとして特化している分、新たな通貨の作成が簡単であったり、作成した通貨とXCPの交換を簡単に行うことができます。また、Ethereumのスマートコントラクトを Counterpartyで実行できるようにするアップデートも計画されています。

デメリットとしては、ビットコインのブロックチェーンをそのまま使用しているのでブロックのマイニング間隔がおよそ10分かかってしまい、他のブロックチェーンに比べて劣ります。また、ビットコインとしてトランザクションを送信する必要があるので手数料は基軸通貨のXCPでなく、ビットコインで支払わなければなりません。Ethereumで独自トークンを作った際にも起こることですが、新たな通貨を作り、その送金をするのに別の通貨を使って手数料を払わなければいけないのは、普段日本円で買い物する際に消費税だけはアメリカドルで支払わなければいけないと強要されているようなもので、デメリットと言えます。

4-4

Hyperledger Fabric

Hyperledger Fabricは企業が使うことを想定したブロックチェーンプロジェクトです。許可型ブロックチェーンでプライベートブロックチェーンとしてクローズドな環境で利用することで非常に素早いブロックの生成間隔でブロックチェーンを構築することができます。

Hyperledger Fabricとは

Hyperledger（ハイパーレッジャー）はThe Linux Foundationによるオープンソースソフトウェアの開発プロジェクトです。ブロックチェーン技術を金融、サプライチェーン等のグローバル・ビジネスの取引をブロックチェーンを使って実現することに焦点を当てています。Hyperledgerは傘状に複数のプロジェクトを持っており、Fabric（ファブリック）はそのうちの一つです。メンバーとしてJ.P.Morganやアメリカン・エキスプレス、IBM、Intel等の金融やIT分野の大手企業を含む多数の企業が参加しています。日本からは富士通、日立製作所等が参加しています。Hyperledger FabricはIBMから寄贈され、Hyperledgerのプロジェクトとなりました。Hyperledgerのプロジェクトはライフサイクルとして「Proposal（提案）」、「Incubation（孵化）」、「Active」という形でステータスが変わっていきますが、2017年4月現在Activeの状態になっているのはこのFabricのみです。

Hyperledger Fabric 仕様

項目	説明
公開日	2016/09/17(0.6.0-preview)
名称	Hyperledger Fabric
コンセンサスアルゴリズム	PBFT(Practical Byzantine Fault Tolerance)
トランザクション承認	許可型
公開範囲	コンソーシアム
ブロックチェーン	独自新規ブロックチェーン
公式サイト	https://www.hyperledger.org/projects/fabric

Fabricはパブリックでの利用を意図しておらず、プライベート及びコンソーシアムでの利用を想定して作られています。プライベートやコンソーシアムの環境で**チェーンコード**と呼ばれるプログラムを構築し、それを利用します。土台として何か機能があるわけではなく、自分でやりたいことのプログラムを書き、それをブロックチェーンで動作させるのです。例えば「送金」、「残高照会」、「引き出し」のような機能毎のプログラムです。チェーンコードはGo言語やJava等、従来のシステム開発で使われるプログラミング言語を使ってプログラムすることができるため、EthereumでのSolidityのように専用の言語を新たに習得する必要がないので既存のプログラマがシームレスに開発に参加できるようになっています。また、Fabricではモジュールという形で各機能が部品のような取り外し、交換可能な状態で実装されているので、用途に合わせて構成を変更することができます。例えばFabricにはデフォルトでメンバシップサービスというコンソーシアムでの参加者のユーザー登録、取引証明書等各種証明書の発行を行うメンバー管理のモジュールが用意されていますが、これもまた用途に合わせて別のメンバシップサービスのモジュールに切り替えることができます。

PBFT(Practical Byzantine Fault Tolerance)

PBFTはHyperledgerで使われるコンセンサスアルゴリズムです。Validating

peer（バリデーティングピア）と呼ばれる検証を行うことができる権限を持ったグループを作り、その中からリーダーを選出します。一般のユーザー（Validating peerに対比する形で**Non-validatin peer**と呼ばれます）が送信するトランザクションはリーダーが受け取ります。リーダーはトランザクションを受け取った後、受け取ったトランザクションを他のValidating peerに対して転送します。トランザクションを受け取ったValidating peerはリーダーによってトランザクションに改竄されていないかを確認し、確認した結果を他のValidating peerに送信します。各Validating peerは他のValidating peerからトランザクションの確認結果を受け取り、規定の台数から改竄がないという結果を受け取った場合、他の全てのValidating peerにも正しくトランザクションが転送されていると判断し、今度は「トランザクションが正しく全てのValidating peerに配信された」というメッセージを他のValidating peerに送信します。他のValidating peerから受け取った「トランザクションが正しく全てのValidating peerに配信された」が規定の台数以上から届くと、トランザクションの実行を行い、その結果を台帳に記録します。最終的な実行結果はその後トランザクションを送信してきたNon-validating peerに対して返却されます。

PBFTを使用することで、常にリーダーを介してのトランザクション処理となるため、ビットコインのようなブロックチェーンが持つファイナリティの問題と呼ばれるトランザクションを確定させせることができない問題が解消されます。また、具体的にはコンセンサスアルゴリズムとしてリーダーに従い、意義がある場合のみ反対するといった動きにすることでトランザクションの処理速度がビットコインのプルーフオブワーク等のコンセンサスアルゴリズムと比較して圧倒的に速くなるメリットがあります。もちろんコンセンサスアルゴリズム自体もモジュールとして実装されているので用途に合わせて変更することも可能です。デフォルトではこのPBFTとコンセンサスアルゴリズムとして全く何もしないという選択ができるようになっています。

World State(ワールドステート)

Fabricではブロックチェーンとしての記録の他、**World State**（世界の状態）という形で、各トランザクションが実行された結果、最終的に現在の状態がどのようになっているかを別途管理しています。概念的にはEthereumの各アカウントの状態に近いもので、**キーバリューストア**と呼ばれるデータベースの一種の形で保存され、素早くアクセスできるようになっています。Ethereumでのスマートコントラクトのコントラクトの実行がアカウントのストレージ領域のデータを書き換えるためのものであったのと同様にFabricでのトランザクションの送信によるチェーンコードの実行はWorld Stateの状態を変更するために行うものであるといえます。

Hyperledger Fabricのメリットとデメリット

Fabricは金融や物流等の既存の複数の組織からなるコンソーシアム内での取引を行うプラットフォームとしては非常に優れたソリューションです。また、既存のプログラミング言語を使ったチェーンコードの実装ができることもメリットと言えるでしょう。モジュール概念による機能の部品化、交換可能な状態としている点も、カスタマイズ性として優れていると言えます。秒間に処理可能なトランザクション数も高く、PBFTによってファイナリティの問題も解決しています。更には、IBMの提供するクラウドプラットフォームのBlueMixで自分でサーバーを用意して、そこに環境を整える必要なく利用を開始することができます。ブロックチェーンとしての難しい部分は切り離して作りたいアプリケーションレイヤーと設計を行えば良い状態になっています。一見良い所ばかりに見えますが、Fabricは既存のシステムをブロックチェーン技術で置き換えることを目標としています。ですので比較対象としてはビットコインやEthereumとの比較と言うよりは既存のシステムそのものと比べるのが適切です。その意味合いではファイナリティやトランザクション処理の即時性は実用に耐えうる性能と言えそうですが、過去の実績がなくまだ実証実験段階で検討されはじめた段階なので、既存のシステムで使われている過去の運用実績があるいい意味で枯れた技術と対比すると潜在的なリスクがあると言えるでしょう。また、既存の運用されている様々なシステムを置き換えるという意味では、Fabricで多く選択されるコンセンサスアルゴリズムのPBFTは中央集権的なコンセンサスアルゴリズムなので、PBFTではビットコインのように非許可型のアプリケーションになるわけではないという点には注意が必要です。

4-5

Rootstock

Rootstock は Ethereum のようなスマートコントラクトが実行できるプラットフォームをビットコインのサイドチェーンとして実現しようとするプロジェクトです。まだテスト段階でメインネットで利用できる状態ではありませんが、本格的にスマートコントラクトがビットコインブロックチェーンのセキュリティで利用できる始めてのサービスです。

Rootstock とは

Rootstock（**ルートストック**）はビットコインのサイドチェーン（側鎖）として動くブロックチェーンを持つサイドチェーンプロジェクトです。現在はまだテストとしての状態で、誰でも使える状態として公開はされていません。基軸通貨としてRootcoinがありますが、新たに発行されるコインという概念ではなく、ビットコインブロックチェーンからビットコインをRootstockのブロックチェーンに転送すると同量のRootcoinが使えるようになるという考え方です。

そのため最大の流通量は全てのビットコインがRootstockに転送されたとした場合の2100万RTCです。Rootstock上で利用するために転送といってもビットコインにはそのような機能はありませんので、実際には次のような形で実現されています。

Rootstock 仕様

項目	説明
公開日	―
名称	Rockstock(RSK)
コンセンサスアルゴリズム	Proof of Work
ブロック報酬	手数料報酬のみ
基軸通貨	Rootcoin (RTC)
ブロック生成間隔	およそ 10 秒毎
トランザクション承認	非許可型
公開範囲	パブリック
ブロックチェーン	独自新規ブロックチェーン(サイドチェーン)
公式サイト	https://www.rsk.co/

1. ビットコインをRootstockの管理するビットコインアドレスに送金する。
2. Rootstockによってビットコインアドレスにあるコインは凍結された状態となる。
3. Rootstock側のブロックチェーンで「1」で送金されたBTCに対応するRTCが創出される（1BTC＝1RTC)。
4. Rootstock側からビットコインに戻す場合、Rootstock側でRootstockの管理するアドレスにRootcoinを送金する。
5. Rootstockによって送金されたRTCは凍結される。
6. ビットコイン側でRootstockの管理するアドレスからビットコインが排出される（凍結が解除される)。

Rootstockでは上記の流れのようにビットコインからRootstock、Rootstockからビットコインとコインのトランスファーを相互に行えます。実際には片方のブロックチェーンで利用できる状態になっている間は他方のブロックチェーンではロックされた状態となっているだけではありますが、少なくとも概念上はコインが移動しているように考えることができます。

およそ10秒毎にブロックが生成されるRootstockは、サービス開始当初でそれぞれのブロックで3000件のトランザクションを格納することができるとされています。ビットコインが10分毎に作られるブロックが大体2000件のトランザクションしか含むことができないので、秒間で処理可能なトランザクション数で比較するとビットコイン3.3tps（トランザクション/秒）に対してRootstockはサービス開始当初で300tpsにもなり、100倍の差があります。さらにRootstockの発表するホワイトペーパーによると、Rootstockのtpsは最大で2000tpsまでスケール可能とされています。

Rootstockではコインの送金だけでなく、ビットコインから移動させてきたコインをガス（燃料）として使って、スマートコントラクトの作成やデプロイや実行を行うことができます。このスマートコントラクトはEthereumのスマートコントラクトを指しています。実際、RootstockにはEthereumのソースコードが含まれており、殆どのEthereumで動作するスマートコントラクトはRootstockでも動作するとされています。間接的ではありますが、燃料（ガス）をビットコインとしてスマートコントラクトを動作させることでよりEthereumよりもよりセキュリティを向上させることを狙っています。また、ビットコインの移動だけでなく、ビットコインのマイナーに**マージマイニング**というビットコインのマイニングの際に合わせてRootstockのマイニングもやってもらおうという概念も取り入れられています。マージマイニングによって、ビットコインのコインの価値そのものを利用するだけでなく、ビットコインの持つハッシュパワーによるプルーフオブワークも利用しようという試みをしています。

セミトラストフリーサイドチェーン

サイドチェーン自体はBlockstreamという会社が提唱した概念です。親となるブロックチェーンに紐づく形で子となるブロックチェーンを新たに構築し、親チェーンからコインを概念上、子チェーンに対して移動し、必要となったタイミングで子チェーンから親チェーンにコインを戻すことができるブロックチェーンです。親チェーンのコインから形を変えて他のブロックチェーンで動作するコインとなった後、再度親チェーンに元のコインとして戻せるブロックチェーンのことを**2way-peg(2ウェイペグ)**と呼びます。

Rootstockでは親チェーンをブロックチェーンとしています。ビットコイン自体でスマートコントラクトが使えるようになったり、**SPVプルーフ**と呼ばれるサイドチェーンとメインチェーン間のコインの移動を検証するためのビットコインスクリプトのオペレーターが実装されれば、完全な非中央集権型でのサイドチェーンの実装ができますが、現状のビットコインではそれらの対応がないため、完全な非中央集権でのサイドチェーンの実装はできません。そこでRootstockでは**セミトラストフリーサイドチェーン**という完全な非中央集権型ではないものの、単一の組織を信頼する必要はない形でサイドチェーンを実現しようとしています。ビットコインとRootstockのコインの両方向のコインの移動を管理するのはRootstockフェデレーションと呼ばれる複数の組織から成る連合体になっています。連合体に参加する組織はそれぞれがノードサーバーを運用し、ノードサーバー同士が投票のような形でコインのロックやアンロックを人間の手を介さずに自動的に行われることになっています。現在Rootstockの公開するフェデレーションメンバーには多数のビットコイン取引所やウォレット開発を行う会社が決まっています。日本のビットコイン取引所で２０１７年３月現在最王手のbitFlyerもフェデレーションメンバーとして参加することが発表されています。

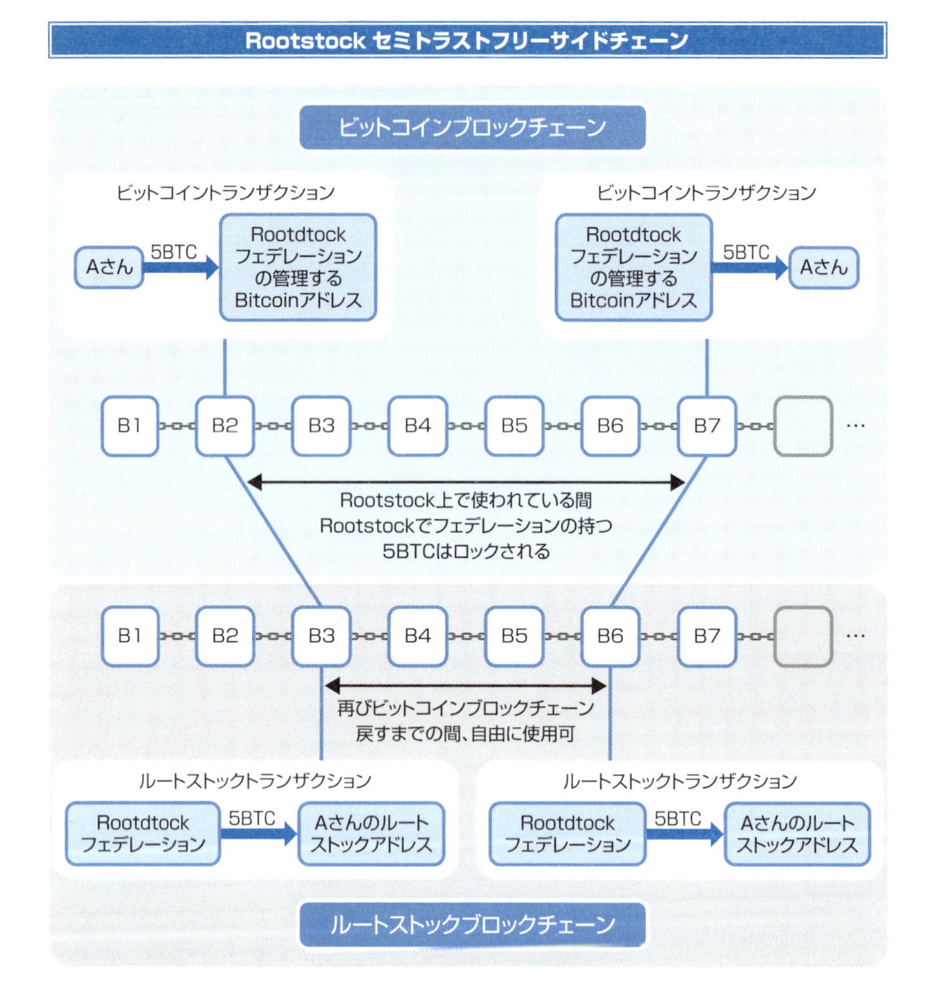

マージマイニング

Rootstockでは**マージマイニング**という概念が取り入れられています。Rootstock自体は10秒程度毎にマイニングされ、独自にブロックチェーンを構築していきますが、マージマイニングはビットコインのマイナーになるべく負荷をかけないようにする形でRootstockのマイニングも行ってもらおうとしています。ビットコインのマイナーとしてはビットコインのマイニングを従来通り行いながら、ハッシュ計算の度にビットコインのdifficultyを満たすかの確認をする際に、RootstockのDifficultyを満たしているかも合わせて確認してもらい、RootstockのDifficultyを満たしていればRootstockのブロックとしてネットワークに配信してもらいます。この時、大切なのはRootstock用にハッシュ値の計算を行う必要がないことです。ビットコインにおけるプルーフオブワークはハッシュ値の計算能力による仕事量の証明ですので、ビットコインに関係ないRootstockのハッシュ値の計算を別途行う必要があると、その計算を行う分ビットコインのマイニング能力が低下することとなってしまいます。ですのでビットコインで行うマイニングのハッシュ計算をそのまま使って、余分なハッシュ計算を行う必要なくRootstockのプルーフオブワークを成立させる必要があります。

第３章で説明したとおり、ビットコインブロックチェーンのマイニングはブロックヘッダのhash256（SHA-256の二度掛け）の結果（ブロックハッシュ）が数値としてターゲットと呼ばれるDifficultyに沿った値を下回るようなブロックヘッダをブロックヘッダの一部を書き換えながら都度ハッシュ値を計算して探し出すことです。ブロックヘッダには、ブロックに含まれるすべてのトランザクションデータがハッシュツリーの形で含まれるすべてのトランザクションデータを要約するマークルルートとなって含まれます。2つのトランザクションのハッシュ値を掛け合わせて新たなハッシュ値を計算することを繰り返すことで含まれるトランザクションのうちの1つでも変更されれば、最終的に導き出されるハッシュ値であるマークルルートが全く異なるものとなるので、ブロックヘッダのハッシュ値であるブロックハッシュも全く異なるものとなることから改竄が難しいとされています。マージマイニングではこのハッシュツリーを利用します。3-5節「トランザクション」の「ジェネレーショントランザクション」で説明されているように、ブロックの持つトランザクションの中でジェネレーショントランザクションと呼ばれるマイナーがブロックをマイニングした報酬を受取るためのトランザクションはトランザクションの中でも唯一UTXOを支払い元として持たず、コインベースという無からコインを生み出すためのものなのでスクリプトの検証がされることがありません。そのためマイナーが任意のデータを自由に埋め込むことができます。この領域にRootstockのブロックのハッシュ値を書き込みます。トランザクションの1つ1つがビットコインのブロックハッシュを構成する1要素であるように、Rootstockのブロックハッシュをビットコインのトランザクションの中に含めてしまうことでビットコインのマイニングが副次的にRootstockのブロックデータに対する仕事量の証明にもなるようにするのです。

マイナーとしてはマイニング能力が落ちることなくマージマイニングができれば、殆ど代償なく、ビットコインのマイニング報酬に加えてRootstockのマイニングに成功した際にRootstockの取引手数料（Rootstockではマイニングによるコイン発行がないため、手数料収入のみがマイナーの収入となる）を得ることができるようになるメリットがあります。Rootstockはビットコインのマイナーになるべく負荷をかけることなくRootstockのマイニングも行ってもらうことで、Rootstockでのプルーフオブワークも十分セキュリティが担保できるレベルまで引き上げることができるのではないかという狙いからマージマイニングを採用しています。

Rootstock マージマイニング

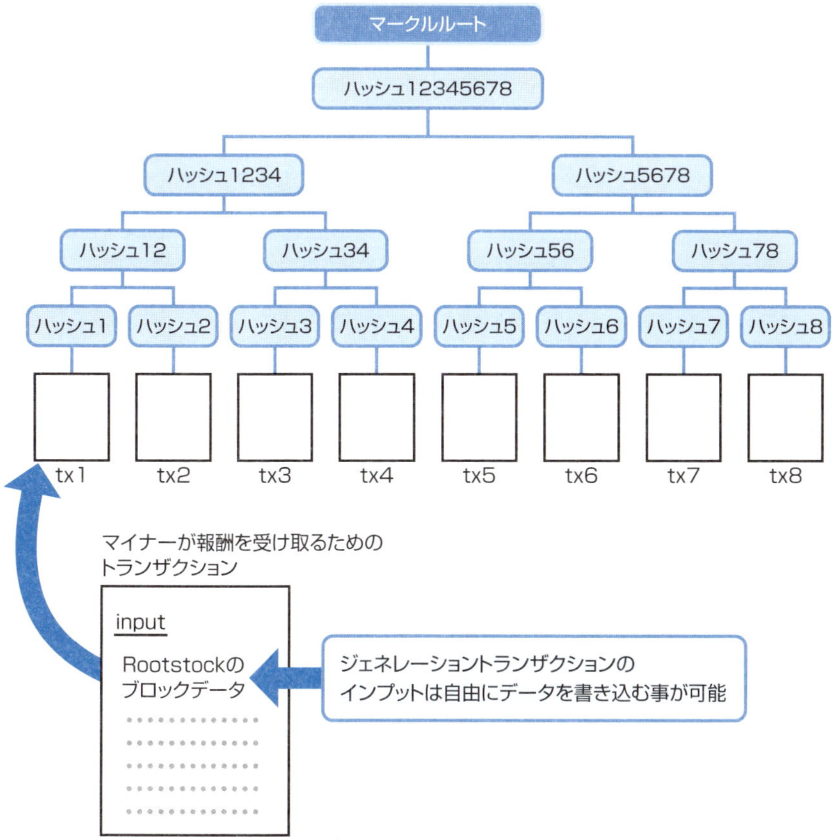

マークルルート
ハッシュ12345678
ハッシュ1234
ハッシュ5678
ハッシュ12
ハッシュ34
ハッシュ56
ハッシュ78
ハッシュ1
ハッシュ2
ハッシュ3
ハッシュ4
ハッシュ5
ハッシュ6
ハッシュ7
ハッシュ8
tx1
tx2
tx3
tx4
tx5
tx6
tx7
tx8
マイナーが報酬を受け取るための
トランザクション
input
Rootstockの
ブロックデータ
ジェネレーショントランザクションの
インプットは自由にデータを書き込む事が可能

Rootstock のメリットとデメリット

　Rootstockのメリットは大きく分けて2つのRootstockの利用の仕方から考えることができます。

- Rootstock をビットコインの取引のために使う
- Rootstock でスマートコントラクトのアプリケーションを実現するために使う

Rootstockはビットコインのサイドチェーンであり、少なくとも概念的にはRootstockのブロックチェーン内で取引されるRootcoinはビットコインと等価の価値を持ちます。ビットコインのブロック生成周期がおおよそ10分程度かかるのに対し、Rootstockでは10数秒毎にブロックが生成されることから、ビットコインを素早く取引するために使用することができます。また、実質的にトランザクション処理であるマイニングが実際のトランザクションの数に間に合ってないビットコインで起きているような手数料の高騰が起きにくいことからも、より低い手数料で送金を行うことができるとされています。Rootcoinは2waypegによって最終的にビットコインとしてビットコインブロックチェーン側で受け取ることができるので、現状ビットコインの持つスケーラビリティの問題への利用者としての現実的な対応策として利用することができると思われます。

RootstockをEthereum互換のスマートコントラクトの実行プラットフォームとして利用することによるメリットとしては、燃料としてビットコインを使って実行することから、セキュリティ性の向上が期待できます。マイニングにおいてもマージマイニングによって、高いハッシュパワーによるプルーフオブワークの実現も期待できます。

一方、デメリットとしては、まず、完全な非中央集権型のアプリケーションになっていないことが挙げられます。仮にRootstockフェデレーションのメンバーの過半数が結託すれば、本来有効なはずのビットコイン、Rootstock間のコインの移動が認められないケースが発生したり、逆に本来有効ではない不正なコインの移動が実行される恐れがあります。そのような自体が発生しないようにするためにも複数の有名ブロックチェーン企業がフェデレーションメンバーとして選ばれていますが、リスクとしてはゼロではありません。また、Rootstockはまだテスト段階で一般に公開された状態ではないので、ある程度成熟するまではバグや不具合等の問題が発生する確率が他の成熟してきたブロックチェーンプロジェクトに比べて高いと言えます。

4-6

Waves

Wavesはアメリカドルやユーロ等のフィアット通貨の取引とクラウドファンディングに重きを置いたブロックチェーンプロジェクトです。プラグインという形でEthereumのように機能の追加を行うことが可能になっています。

Wavesとは

Waves（**ウェイブス**）は**NXT**（**ネクスト**）というプロジェクトの開発メンバーによって開発されたブロックチェーンプロジェクトです。NXTの影響を強く受けているために、まず簡単にNXTについて説明します。NXTはコンセンサスアルゴリズムに完全なプルーフオブステークを利用したブロックチェーンプロジェクトです。全てのプログラムソースコードがフルスクラッチというゼロからビットコイン等の他のブロックチェーンプロジェクトのソースコードを流用することなく作られており、独自トークンの取引所やメッセージングサービス、ステークデリゲーションと呼ばれるプルーフオブステークの権利を他人に委任する機能等多彩な独自の機能を持っています。

WavesはNXTと同様にプルーフオブステークをコンセンサスアルゴリズムに採用しており、クラウドファンディング、アメリカドルやユーロ等のフィアット通貨（法定通貨）の取引、独自トークンの発行、送金を行うことができます。プルーフオブステークを採用したことによりブロックの生成間隔は凡そ３０秒程度と比較的短い間隔で生成されます。特徴的なのは機能追加をプラグインと呼ばれる形でノードサーバーのコアプログラムに機能を自由に追加していくことが可能となっています。また、基本的にクライアントはウェブブラウザのChrome（クローム）のエクステンションという形で提供されており、内部的にはウェブページのような形で実装されており、ノードサーバーを構築することなく、簡単に利用を開始することができます。

Waves仕様

項目	説明
名称	Waves
コンセンサスアルゴリズム	Proof of Stake
トランザクション承認	非許可型
ブロックチェーン	独自新規ブロックチェーン(サイドチェーン)
公開範囲	パブリック
基軸通貨	waves
公式サイト	https://wavesplastform.com/

プラグインによる機能の追加

Wavesのノードサーバーは Coreと呼ばれるノードサーバーとして機能するに足りる最低限の機能が入ったソフトウェアがベースとなっています。Core単体で行うことができるのは次の内容に限られています。

- **独自トークンの発行、削除、送金**
- **分散型マッチングエンジンによるトークンの両替。買い / 売りのトランザクションを送信し、マッチングを行う**
- **匿名のオーダーブック（注文帳）**

NXTでは新たな機能の実装を行う際にハードフォークやソフトウェアの更新を行う必要がありましたが、Wavesではプラグインと呼ばれるソフトウェアに新たな機能を追加する小さなプログラムの形でCoreを拡張していく形で新たな機能の追加が行えるようになっています。プラグインを使うことでプラグインが適用されていないノードサーバーでもトランザクションデータの他のノードサーバーへの伝達を行うことができるようになっており、更にはオフィシャルに開発されるものだけでなくサードパーティという形で誰でも任意のプラグインを開発することができるようになっています。Ethereumでは任意のプログラムをスマートコントラクトという形でプログラムの追加自体もまたトランザクションで表し、それをブロックチェーンに記録していく形を取っていましたがNXTはプラグインという形でノードサーバー自体を拡張することで任意のプログラムを実行するプラットフォームとして利用することができます。

独自トークンのみを保有した状態での両替実行

Wavesはネイティブで独自トークンの発行や送金、そしてその独自トークンのマッチングエンジンによる両替に対応しています。独自トークンを実現できるブロックチェーンプラットフォームは多数存在しますが、どのプラットフォームにおいても解決できていない問題として独自トークンだけを保有していても誰にも送金することもできないというものがあります。Ethereumのスマートコントラクトによる独自トークンであれば独自トークンの送金にはEthereumの基軸通貨であるEtherで手数料を支払う必要が発生しますし、Counterpartyでの送金であれば利用しているブロックチェーンであるビットコインで手数料を支払う必要があります。内部的には独自トークンとして独立した通貨システムを構築することができますが、その利用には手数料を支払うために他の通貨を保持しておく必要があるのです。普段からブロックチェーンを利用し、元々いくらかの基軸通貨を保有しているのであればさほど問題ありませんが、独自トークンが実装されているブロックチェーンの基軸通貨を保有していない人がなんらかの独自トークンを手にしても基軸通貨を用意しなければそれを両替、換金することはできません。Wavesでも基本的に独自トークンをただ送金するだけの場合は手数料をWavesで支払う必要があるのですが、内蔵されているマッチングエンジンによって独自トークンを基軸通貨Wavesに両替する場合においては内部的に段階的にこれを処理し、Wavesに両替を行った後で手にしたWavesから手数料を支払うことができるようになっています。

Wavesのメリットとデメリット

Wavesはまだローンチされたばかりの新たなプロジェクトですが、NXTで既に実績のあるメンバーがNXTでの実績がある方式で運用しているため、セキュリティ的なリスクは他のフルスクラッチのものよりも少ないと言えます。また、プラグインによる機能追加というユニークな機能はP2Pのネットワークを守りながらも拡張性の高い自由なブロックチェーンを利用したプロジェクトを実現させることができます。

Wavesは極端に表現する所、EtheruemとRipple(4-7節「Ripple」参照)を合わせたようなシステムと見ることもできますが、現状EthereumやRippleの普及が進んでいることからも普及度合いという意味では現状ではWavesは出遅れていると言えます。これはマッチングエンジンによる両替の流動性の低下や、利用する上での情報の少なさといった形でデメリットとなっています。

4-7

Ripple

Ripple は他の仮想通貨とは性質の異なる仮想通貨を提供するサービスです。正確にはブロックチェーンではありませんが、ブロックチェーン技術が応用されています。他のブロックチェーンプロジェクトにない新たな取引の形を提供する Ripple について確認していきましょう。

Ripple とは

Ripple（**リップル**）はビットコインが生まれるよりも前の2004年にカナダのウェブ開発者であるRyan Fuggerにより開発され、後に日本のビットコイン取引所であったMt.Goxの創業者Jed MacCalebが2011年に考案したConsensus Ledgerというビットコインの仕組みを応用した仕組みが取り入れられました。Rippleが最も特徴的な点としては決済するための仮想通貨を生み出すことを目的としていない点です。Rippleにも**XRP**と呼ばれるネイティブ通貨が用意されており、ビットコイン等他の通貨同様、XRPそのものの取引が可能にはなっていますが、Rippleの目的は日本円、アメリカドル、ビットコインやゴールド等の通貨やその他の資産の取引そのもののネットワーク構築にあります。つまり、現実世界での銀行のネットワークをボーダーレスにすることを目指すのがRippleです。コンソーシアムブロックチェーンのような形で特定のノードサーバがトランザクションの承認を行うリップルコンセンサスアルゴリズムと呼ばれるコンセンサスアルゴリズムを使うことで取引にかかる時間が短くなるように設計されており、XRPの発行上限は1000億XRPに制限されています。また、ビットコインでのsatoshiのようにRippleでも**drop(ドロップ)**と呼ばれる単位があり、1XRPは100万dropです。

秘密鍵からアドレスを生成し、アドレスとして利用する点、トランザクションには秘密鍵を使って署名することでトランザクションの正当性を示す点、アドレスの残高情報などの状態をコンセンサスアルゴリズムによって更新していくこと等、他のブロックチェーンと殆ど同様の仕組みです。このように、単に利用する上では殆ど他のブロックチェーンの仮想通貨と同様の定義がされていいますが、Rippleは正確にはブロックチェーンではありません。但しその性質からブロックチェーン関連のプロジェクトとして記述されることの多いプロジェクトです。Rippleではブロックの変わりに**Ledger(レッジャー)**と呼ばれるそれぞれのアドレスの状態や残高を示す電子台帳を更新していく形を取っています。ビットコインでのマルチシグネチャに相当するマルチサインと呼ばれる複数人の署名を要するトランザクションにも対応しています。

Ripple仕様

項目	説明
名称	Ripple
コンセンサスアルゴリズム	Ripple コンセンサスアルゴリズム
基軸通貨	XRP
トランザクション承認間隔	数秒
トランザクション承認	許可型
公開範囲	パブリック
公式サイト	https://ripple.com/

Rippleの現在決済通貨として使われているたくさんの通貨の取引に使うことができる性質上、JPモルガン、クレディ・スイスやバンク・オブ・アメリカ等を含むたくさんの金融機関が採用を決定しており、国内でも三菱東京UFJ銀行、みずほ銀行、りそな銀行を含む50行以上がRippleの利用を検討、決定しています。取引所でのXRPの取引も活発で、2017年現在では仮想通貨の中ではビットコイン、Ethereumについで3番目に時価総額の高い仮想通貨となっています。

ゲートウェイとIOU（I owe you）

Rippleでは様々な通貨の取引が行えます。電子データのみを扱うことができるコンピュータ・ネットワーク上で日本円やアメリカドル、ユーロ等の取引を行う仕組みがゲートウェイとIOUです。ユーザーはRippleネットワーク上に点在するゲートウェイに対して通貨を送金し、ゲートウェイがIOUと呼ばれる借用書に相当するものを発行します。ユーザーはこのIOUを利用してRippleネットワーク上で取引を行います。言い換えるとRippleは自分の保有する通貨や金を取引するのではなく、ゲートウェイによって発行された借用書を取引する場となります。最終的にはゲートウェイを介して再度本来の通貨に払い戻すことができ、取引を行う際にゲートウェイを信用するだけで直接取引相手を信用する必要はありません。Rippleネットワーク内においてXRPを除くすべての取引対象が直接的な資産でなくゲートウェイの負債（IOU）であり、その負債を取引するという点がRippleが他のブロックチェーンプロジェクトと最も異なる部分であると言えます。IOUは日本円やアメリカドル、ビットコインやその他仮想通貨等、受け手が承諾すればどのようなものにでも設定することができます。

Ripple IOU の取引

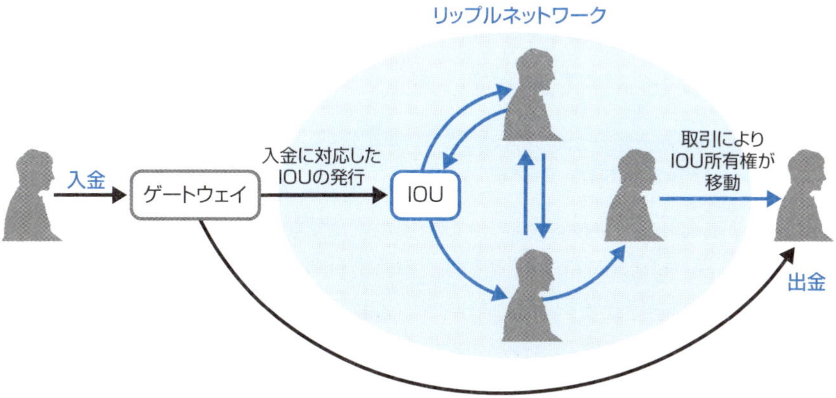

XRP のブリッジ通貨としての利用

前述の通り、XRPそのものも通貨として取引が可能ですが、Rippleは様々な通貨の取引が可能になっており、様々な通貨での取引注文が出されています。日本円1円＝1XRP、アメリカドル1セント＝1XRPで注文が出されている場合、これらを組み合わせ1円と1セントでの取引が可能になります。XRPはこのような他の通貨の取引の架け橋として働くことで様々な通貨間の取引を円滑に行うことができるように設計されています。実際にXRPをブリッジ通貨として利用せずとも取引を成立させることが可能であるケースも存在します。例えばビットコインでオーストラリアドルを買う注文を出したい場合に直接その通貨ペアでの注文が成立しない状態であった場合にビットコインとアメリカドル、アメリカドルとオーストラリアドルの注文を成立させることができればXRPのブリッジ通貨としての使い方と同様にビットコイン→アメリカドル→オーストラリアドルとすることでビットコインでオーストラリアドルを買うことができます。なぜブリッジ通貨としてXRPが用意されているのか、その最大の理由はXRPがRipple内で唯一の資産であるということです。XRPはゲートウェイや取引相手一切を信用する必要のない資産そのものであり、発行量上限が定められた通貨であるために様々な取引を成立させるため、中間通貨ーブリッジ通貨として他のゲートウェイ発行のIOUを経由するよりも有用でリスクの低い選択肢となるように設計されています。

Ripple コンセンサスアルゴリズム

Rippleでのトランザクションの承認は中央集権的に特定の**validator**（**バリデーター**）と呼ばれる承認者によって行われます。**UNL**（**ユニーク・ノード・リスト**）と呼ばれる承認者のリストがRipple社によって規定されており、大まかにはこのUNLのうち80%以上の賛成が得られた場合にトランザクションは承認されることとなります。Rippleでは単純にサーバーと呼称されていますが、他のブロックチェーンで言うところのノードサーバーは各自が自身の保有するUNLのトランザクションの承認への投票結果を確認し、80%以上の賛成が得られたトランザクションをレッジャーに追加していきます。特定の承認者によってトランザクションが検証されることで、ブロックチェーンでのフォークのように台帳が分岐してしまうリスクを回避し、マイニングの動機付けのための多額の報酬の必要なく高速な決済を可能にしています。また、プルーフオブワークのように大量の計算を行う必要がなく、ネットワーク全体として大量の電力や機材を要することがないため、システム全体のランニングコストを抑える効果もあります。

手数料

Rippleはトランザクションの承認をvalidatorと呼ばれる承認者が行っているために、非許可型のビットコインやEthereumのようにマイナーに対して報酬を支払う必要がありません。Rippleでもトランザクションの送信に手数料はかかりますが、この手数料は意図的にジャンクのトランザクションを大量に生成する等のスパムに対する防衛策として設けられたものです。そのため支払われた手数料は誰かの収入となるのではなく、破棄されます。トランザクションの種類によってRippleネットワークによって定められた最低手数料が設定されており、全てのトランザクションの最低必要手数料として10drops（0.00001 XRP）、マルチサインのトランザクションでは最低必要手数料の他に「署名の数×10dropsの追加手数料」が必要なように設定されています。前述の通り手数料はスパムを防止するために設定されている経緯から、ネットワークの負荷に比例して必要な手数料が上がるように設定されています。スパム攻撃によってサーバーの負荷が高まった際にトランザクションあたりの必要手数料を高騰させることでなるべく早く攻撃者が攻撃を続けることができなくなるようにさせるためです。

また、手数料ではありませんが、レッジャー（ビットコインでのブロックチェーン）のデータサイズが悪意のある攻撃によって肥大化しないように、RippleのアドレスにはXRPの**Reserves（リザーブ）**と呼ばれる最低保有額が設定されています。RippleではEthereumでのアカウント概念のように、トランザクション単体としての記録ではなく、アドレスの最終的な状態をレッジャーで記録していっています。レッジャーで記録されるアドレスが増えれば増えるほど、レッジャー全体のデータサイズは大きくなってしまうので、アドレスにXRPの最低保有額を設定することで無駄にたくさんのアドレスをレッジャーに記録させないようにしています。この対応をすることでRippleでは一般的なコンピュータのメモリ上に最新のレッジャーの状態を保持し、過去のレッジャーの変更履歴をハードディスクに収めることができるようになっています。

Rippleのメリットとデメリット

RippleのIOUを使った取引の形は既存の金融取引のあり方を変える可能性のあるものです。中でも国際決済においては比較的他の分野と比較してテクノロジーの発展が遅れていると言われています。昨今の様々な分野での電子化、高速化が進んでいる中でも国際送金には多額の手数料や数日という多くの時間とコストが掛かるのが一般的です。各国が様々に独自のインフラストラクチャーを利用していることでコストと時間がかかってしまうのです。Rippleによって銀行決済にかかる運用コストを削減することができ、消費者である個人や企業は低コストで迅速な決済を行うことができるようになります。既に世界中のたくさんの金融機関が採用を決めていることからも個人で直接Rippleを利用しなくともその恩恵が普段の生活に反映されていくことが期待できます。また、他のブロックチェーンプロジェクトと異なり、存在意義が明確で他にないものであり、既に実績もあるため、他の類似したサービスによってすぐに淘汰されるリスクが低いこともメリットと言えます。

一方でRippleは高速化のために特定の承認者がトランザクションの承認を行うようになっています。高速化と手数料コストの削減のメリットがある一方、中央集権的にバリデーターに権限が付随すること、現実世界の通貨との結びつきを作るゲートウェイを信用する必要があることなど、非許可型のブロックチェーンに比べるとトラストレスに利用できるものではありません。しかしながら、現実世界での生活において国や銀行、企業等を信頼せずにトラストレスに生活することは殆ど不可能であると言えます。Rippleはトラストレスになることよりも普段の決済サービスの質を向上させるソリューションであると見ればこれは大きなデメリットではないかもしれません。現状危惧されることとしてはRippleのXRPが他の仮想通貨同様に投機的な目的での売買が繰り返され、短期間で激しく価格が乱高下している点が挙げられます。ブリッジ通貨としての役目があるためXRPの価値が不安定であることは現状ではデメリットと言えるでしょう。

第5章

日本のブロックチェーン

ビットコインが広まり、またブロックチェーンへの関心が国際的に高まる中、日本でも独自の動きがなされるようになってきました。この章では日本におけるビットコインやブロックチェーンに対する取り組みについて取り上げます。

5-1 日本のブロックチェーン関連の協会組織

2014年以降、日本ではいくつかの協会組織が作られています。それについて説明します。

設立された協会

ブロックチェーン関連の協会としては、2014年の9月に設立された**一般社団法人 日本価値記録事業者協会**（JADA）があります。そしてその後2016年4月に**一般社団法人 日本ブロックチェーン協会**（JBA）に改組されています。

この協会は仮想通貨およびブロックチェーンの両方のジャンルを対象にした活動を目指しています。

次に、**一般社団法人 仮想通貨ビジネス勉強会**が2016年4月に発足し、その後2016年12月に**一般社団法人 日本仮想通貨事業者協会**に改組しています。この協会は主に仮想通貨に関わる活動を目指しています。

同じく2016年4月には、**ブロックチェーン推進協会**(BCCC)が発足しています。この協会は主にブロックチェーンに関わる活動を目指しています。

日本の仮想通貨・ブロックチェーン関連協会

協会名	設立時期	主な事業対象	URL
日本ブロックチェーン協会	2014年9月	仮想通貨、ブロックチェーン	http://jba-web.jp/
日本仮想通貨事業者協会	2016年4月	仮想通貨	http://cryptocurrency-association.org/
ブロックチェーン推進協会	2016年4月	ブロックチェーン	http://bccc.global/ja/

日本ブロックチェーン協会

日本ブロックチェーン協会は日本で最初に設立された、ブロックチェーン関連の協会です。この会の目的や事業内容等の詳細はホームページ（http://jba-web.

jp/）を見ていただくとして、監事のメンバーに特徴がありますので、それについて説明しておきたいと思います。

代表理事の加納氏の株式会社bitFlyerは、国内最大のビットコイン取引所を運営しており、三菱UFJキャピタルやSBIインベストメントなどから資金調達を受けています。ビットコイン取引所以外にもビットコイン・クラウドファンディングのfundFlyerというサイトや、ビットコインのブロックチェーン情報を確認できるchainFlyerというサイトも運営しています。後ほどより詳しく説明しますが、**miyabi**という独自のブロックチェーンシステムを開発しており、ビットコインやブロックチェーン関連事業を精力的に行っている会社です。

理事のパウエル氏のPayward Japan株式会社は、日本においてKrakenというビットコイン取引所を運営している会社で、Kraken自体は2011年に米国のカリフォルニアで設立されており、日本には2014年10月に進出しています。Payward Japanは、また2014年に破綻した株式会社Mt.GOXの破産手続きの支援会社にもなっています。

監事である和田氏のコインチェック株式会社も、Coincheckという取引所を運営しており、元々はレジュプレス株式会社という名称であったものを2017年3月に取引所と同じ名前に社名変更しています。Coincheck Paymentというビットコイン決済サービスも手掛けています。

理事の仲津氏の株式会社Orbは、ブロックチェーン技術に特化した会社として2014年2月に設立された会社で、**Orb DLT**という独自のブロックチェーンシステムを開発しています。

理事の上田氏の株式会社ガイアックスは、設立は1999年と古く元々はビットコインやブロックチェーンとは関係なく事業を始めていますが、2015年あたりよりブロックチェーン関連事業を開始しています。

このように日本ブロックチェーン協会は、仮想通貨取引所を運営する会社とブロックチェーン技術を推し進める会社の理事から成り立っており、ビットコインやブロックチェーンの今後の発展の可能性をいち早く捉えた会社によって、今後の健全な発展を目指すべく作られた協会と言えるでしょう。

会員数は、2017年4月の時点で89社となっており、定例会や「JBAブロックチェーンMEETUP」と銘打った情報発信や企業間の交流を進める会合の開催などを行っています。

少し面白い試みとしては、2016年10月に「ブロックチェーンの定義」というのを公開したことがあげられます。この定義が一般的になるかどうかはわかりませんが、いろいろな意味で使われ始めてきているブロックチェーンという用語の状況を何とかしたいという思いが現れており好感が持てます。

JBA ブロックチェーンの定義(出典:日本ブロックチェーン協会の HP(http://jba-web.jp/)より)

ブロックチェーンの定義

1)「ビザンチン障害を含む不特定多数のノードを用い、時間の経過とともにその時点の合意が覆る確率が0へ収束するプロトコル、またはその実装をブロックチェーンと呼ぶ。」

1) A blockchain is defined as a protocol, or implementation of a protocol, used by an unspecified number of nodes containing Byzantine faults, and converges the probability of consensus reversion with the passage of time to zero.

2)「電子署名とハッシュポインタを使用し改竄検出が容易なデータ構造を持ち、且つ、当該データをネットワーク上に分散する多数のノードに保持させることで、高可用性及びデータ同一性等を実現する技術を広義のブロックチェーンと呼ぶ。」

2) In a broader sense, a blockchain is a technology with a data structure which can easily detect manipulation using digital signatures and hash pointers, and where the data has high availability and integrity due to distribution across multiple nodes on a network.

日本仮想通貨事業者協会

この協会は特にブロックチェーンその物に注目している協会というわけではありませんが、ビットコインをはじめとする仮想通貨の発展に関して注目している協会です。

この協会の発端となっているのは2015年12月に開催された「仮想通貨ビジネス勉強会」というイベントで、既存の金商取引業者の立場から、仮想通貨とは何か、金融商品取引法からみた解釈、具体的な取り組みに向けたディスカッションなどを行う勉強の場、として持たれた会合になっていました。

この勉強会を引き続き重ねる中で、いわゆる仮想通貨法案が国会にて可決（2016年5月25日）される状況になり、その1年以内の施行を見越して、より本格的な活動が有志により行われていったという流れになったものとの思われます。

監事メンバーとしては、以前より証券やFX事業に深く関わっていた人、金融系の法律に詳しい大学の教授、あるいは金融庁がらみの仕事をしていた人等、既存の金融系実務に詳しい人たちの参加が多いように思われます。

2016年の12月にこの勉強会からの組織改編が行なわれ、日本仮想通貨事業者協会として、登録仮想通貨交換業者を正会員とする、自主規制団体を目指した活動を行うという形態になっています。

2017年6月の時点で、正会員が20社、準会員が19社、協力会員が27社となっています。

月に1回ペースでの勉強会の開催が、継続的に行われています。その他詳細はホームページ（http://cryptocurrency-association.org）をご覧ください。

ブロックチェーン推進協会

ブロックチェーン推進協会はその名の通り、ブロックチェーン技術の利用を推進しようとしている協会です。この会の目的や事業内容等の詳細はホームページ（http://bccc.global/ja/）を見ていただくとして、この会の監事のメンバーにも特徴がありますので、説明しておきたいと思います。

代表理事の平野氏のインフォテリア株式会社は1998年に創立された会社で、データ連携のソリューションを提供しており、2007年6月に東京証券取引所マザーズ市場への上場を果たしています。2015年の12月に副代表理事の朝山氏のテックビューロ株式会社と業務提携を行っており、その後2016年の4月にこの2社中心にブロックチェーン推進協会が発足しています。テックビューロは後ほどまた説明する**mijin**というプライベート・ブロックチェーンのシステムを開発した会社で、この分野で活発な活動を行っています。同じく副代表理事の杉井氏のカレンシーポート株式会社もブロックチェーン技術に力を入れている会社で、2017年3月末にMoney365という仮想通貨取引所をリリースしています。

理事の田中氏のさくらインターネット株式会社は、レンタルサーバーやクラウドサービスを提供している会社で、同じく日本マイクロソフト株式会社もAzureというクラウドサービスを提供しています。今後ブロックチェーンのシステムをクラウド上で動かすことを想定し、それを見越して参加しているものと思われます。

株式会社トリプルアイズ、株式会社オウケイウェイヴ、株式会社マネーパートナーズソリューションズといた会社はブロックチェーンを専門にやっている会社ではありませんが、ブロックチェーンの将来性を見越してこの協会の立ち上げに参加したものと思われます。

監事の鈴木氏のPwCあらた有限責任監査法人は日本仮想通貨事業者協会の協力会員にもなっており、仮想通貨に精通した監査法人と考えられます。

この協会の会員数は2017年4月の時点で132社となっており3つの協会の中では一番会員数の多い協会です。

会員のビットバンク株式会社がブロックチェーン大学校株式会社を2017年3月に設立しており、ブロックチェーン推進協会が会員企業の社員を対象に受講者の募集を行っています。

また、日本円に対して為替が安定した仮想通貨を志向したデジタルトークン「**Zen**」の社会実験を2017年5月より行うとしています。「Zen」はプライベートブロックチェーン上のトークンとして作られ、ブロックチェーン推進協会がZenの発行者（事務局はインフォテリア）となり、テックビューロ、カレンシーポート等がZenの発行業を行うこととなっています。第1フェーズではこのZenを会員の提供製品およびサービス内に限定し流通させるとしています。

5-2

日本のブロックチェーン製品

日本でもブロックチェーンを利用したシステムがいくつか開発されています。現時点で話題に上がっているいくつかのブロックチェーン製品について見ていきます。

Orb DLT（Orb Distributed Ledger Technology）

Orb DLTは株式会社Orb（旧社名コインパス）が開発したの製品で、これは最初に開発したOrb1という製品を発展させて開発したものです。

Orb1は2015年の9月に発表された、ブロックチェーンを基盤とした分散型クラウドコンピューティングプラットフォームで、ビットコインのブロックチェーンと比べるといくつかの点で変更がなされています。

まず、コンセンサスアルゴリズムとしてはProof of Stakeを改変した独自のアルゴリズムを使っており、マイニングではなくドローイングと呼ばれています。このドローイングによってトランザクションの承認がなされるようになっているのですが、ドローイングを行うにはあらかじめユーザー登録がなされている必要があります。

また、ブロックの作成間隔は平均16秒と短く設定されており、運営組織が管理するスーパーピアが定期的にチェックポイントブロックを挿入するので、その時点でそれまでのトランザクションが確定（ファイナライズ）されることになっています。これにより素早い取引の確定を可能としています。

このOrb1の発表と同時にこれを基盤としたアプリケーションとして**SmartCoin**というものも発表されました。これは誰でも自由に仮想通貨（トークン）を発行できるサービスで、地域通貨などでの利用を想定しています。これに関連してOrbは実際にオリックス銀行や静岡銀行での金融サービスの実証実験にNTTデータと共に参加しています。

Orb1に続いて開発されたのがOrb DLTで、現在製品として提供されているのはこのOrb DLTになります。

Orb DLTは、Apolloと呼ばれるLinux上で動くデータオペレーティングシステムとCoreと呼ばれるミドルウェア、そしてToolboxと呼ばれるアプリケーションの開発をサポートするSDKやライブラリ、という3つのコンポーネントから成り立っています。

Apolloでは、**Apache Cassandra**(アパッチ カサンドラ)というオープンソースの分散データベース管理システムを利用する想定になっています。Coreの1つとしてCoinCoreが提供されており、これは独自の仮想通貨を作成し利用するためのミドルウェアです。Toolboxについては詳細はまだ公開されていないようですが、このOrb DLTを利用するには個別にOrb社に問い合わせをすることになっているので、その時点で情報が開示されるものと思われます。

Orb DLTは、実際にデータベースを提供しているオラクル社のOracle Cloud上での性能評価を行っています。

mijin(微塵)

mijinはテックビューロ株式会社が開発している、2015年9月に発表されたブロックチェーン製品で、それ以前に開発されていたオープンソースのブロックチェーンである**NEM**をベースに作られています。NEMがパブリックなブロックチェーンであるのに対しmijinは初めからプライベートなブロックチェーンとして開発されています。

NEMは、ビットコインブロックチェーンで使われている計算処理に時間がかかるProof of Workではなく、各アカウントの重要性によって手数料が分配されるProof of Importanceというコンセンサスアルゴリズムを採用しており、ビットコインブロックチェーンのソースを変更して作られているものではなく、Java言語を使って新たに構築されています。NEMではXEMという仮想通貨が発行されています。

mijinはこのNEMを開発したコアメンバーの参加のもとに作られており、内部的なAPIの共通化を保ったまま開発をしています。そしてお互い同意協調のもとで、それぞれのプログラムの改良や拡張は相互に利用できる方向性で開発を進めています。

mijinは初めからプライベートなブロックチェーンとして利用される想定で作られているので、閉じられたネットワークでセキュリティ的により安全で、トランザクションの処理効率をより高めることができる仕組みになっています。また、1元的なサーバーで処理する形態よりも、堅牢でより低いコストで運用することを目標にしたシステムになっています。

mijinのサイトには、これまで行われてきた各種実証実験等に関する記事がいくつか載っています。

銀行との実証実験もありますし、さくらインターネットと協力して行ったものも載っています。最近のものとしては、ベルギー地方自治体の行政サービスに利用する適用実験のニュースがあります。

この他新たに開発した関連技術の発表も行われており、活発に開発が進められていることが見て取れます。

Iroha（Hyperledger Iroha）

Irohaはソラミツ株式会社が中心となって開発しているC++言語で作られたオープンソースの製品で、2016年9月にリリースされています。ソラミツは、Linux Foundationという Linuxの普及を目指す非営利組織で進められているHyperledgerというプロジェクトへ、このIrohaのソースをNTTデータ等との共同提案という形で提供しており、今では**Hyperledger Iroha**という呼ばれ方もします。

Hyperledgerプロジェクトは、ブロックチェーンが持つP2P分散台帳技術の確立を目指したもので、世界の30を超えるIT企業が協力しています。ブロックチェーン自体はプライベートなもので、独自通貨を発行するような仕組みは持っていません。あくまでもブロックチェーン技術を活用した、商取引システムのデファクトスタンダードな基盤を作ることを目的としています。Irohaの他には、IBMが推進する**Fabric**、インテルが推進する**Sawtooth Lake**などの基盤が開発されています。

Irohaはソラミツによって引き続き開発が進められていますが、2017年3月時点で、株式会社INDETAIL、株式会社インテック、パナソニック株式会社、株式会社シーエーシー、株式会社NTTデータ等の会社が開発パートナーとして名乗りを上げています。

Irohaを使った開発に関わる報道としては、楽天証券との間での本人認証サービスの開発や、カンボジア国立銀行との共同開発の話がなされています。最近のプレスリリースでは、Iroha v1.0の製品リリースが近日中に行われることが発表されています。

miyabi

miyabiは日本のビットコイン取引所として最大手である株式会社bitFlyerが独自に開発したプライベートブロックチェーンであり、2016年12月に発表されています。発表に先立った11月の時点で、3大メガバンクとデロイトトーマツグループによってmiyabiを使った実証実験の報告書が作られており、既に製品として使えるレベルにまでなってきているようです。

コンセンサスアルゴリズムとして独自設計のBFK2というアルゴリズムを用いており、ビットコインのProof of Workのようにエネルギーを浪費せず、なおかつ取引確定のファイナリティーを確保しているとしています。

また「理（ことわり）」と呼ばれる独自のスマートコントラクト環境も準備されており、スマートコントラクトのプログラムも実行できるようになっています。

システム自体は.NET Framework上でC#言語を使って作られているようです。

正式な製品化まではまだ1年ほどかかり、最終的にはクラウド上での「BaaS」(Blockchain-as-a-Servide）方式でサービスを提供する予定のようです。

2017年4月に、積水ハウスとbitFlyerとが共同でブロックチェーン技術を利用した不動産情報管理システムを開発するというニュースがあります。

Keychain

Keychainは、合同会社KeyChainによって開発されている、ブロックチェーン技術を使った分散型（PKI）認証プラットフォームで、2016年7月に「認証だけのブロックチェーン」として発表されました。

まだこれといった実績はあげていませんが、2016年12月にIIJ（株式会社インターネットイニシアティブ）とビットコイン取引所のQUOINEとの協業で、仮想通貨流通プラットフォームのサービス開発を行うというプレスリリースが発表されています。

日本のブロックチェーン製品

名称	開発会社	発表時期
Orb	株式会社 Orb	2015年9月
mijin	テックビューロ株式会社	2015年9月
Iroha	ソラミツ株式会社	2016年9月
Keychain	合同会社 Keychain	2016年7月
miyabi	株式会社 bitFlyer	2016年12月

5-3 ブロックチェーンの話題に関する注意点

昨年来、ブロックチェーンに関係した話題は日本でもいろいろと目にするようになってきていますが、誤解を招くような表現も多い状況になっています。ここでは改めてブロックチェーンの話題に関する注意点をまとめておきます。

パブリックとプライベートのブロックチェーンは大きく異なる

ブロックチェーンが何であるかについては、まだ多くに人が良くわかっていない状況だと思うので、単に「ブロックチェーン」という言葉でしか表現していない場合、それが**パブリックブロックチェーン**のことなのかパブリックではない**プライベートブロックチェーン**のことなのかについては、注意する必要があります。

今までの章の中でブロックチェーンの分類についてはいくつか書いていますが、ここではパブリックなビットコインのブロックチェーンと、管理組織のあるプライベートなブロックチェーンとの2つに区別して話を進めます。

パブリックブロックチェーンの代表であるビットコインのブロックチェーンは、特定の管理者が存在せず、なおかつ記録された内容を改竄しにくい仕組みを保ちつつ2009年来大きな問題もなく稼働し続けている、ブロックチェーン技術を利用することによってはじめて実現された革命的なシステムとなっていますが、現在いくつかの金融機関等で行われている「実証実験」で使われているブロックチェーンは、その多くがプライベートブロックチェーンに分類されるもので、パブリックなブロックチェーンとは異なる視点からブロックチェーンの活用法を見出し、利用しているものです。

プライベートブロックチェーンは、ある管理主体のもと閉じた環境で動かされるものなので、考えてみればわかると思いますが、その管理主体の意向により記録された内容を改竄することは普通にできてしまうものです。その管理主体がそのシステムを稼働させたり停止したりすることは自在にできてしまいますし、極端な話処理のやり直しやデータの作り直しも何回もできるので、内容を改竄できるシステムになっています。

つまりプライベートブロックチェーンは、ある意味単にシステムを作る上での新たな処理方法に過ぎない、と考えるべきもので、プライベートブロックチェーンでできる処理は、極端にいうと別にブロックチェーンと呼ばれる仕組みを使わずにも実現できるたぐいのものなのです。

なのでブロックチェーンに関する話題を読む場合には、それがパブリックなものなのか、プライベートなものなのかをきちんと区別して読む必要があります。

パブリックとプライベートのシステムの特徴

ブロックチェーン	特徴
パブリック（ビットコイン）	管理主体なし
	データは改竄できない
	第三者機関を信用することなく利用可能
プライベート	管理主体あり
	やろうと思えばデータ改竄できる
	管理主体に対する信用が前提

ブロックチェーンを使った処理方式

ブロックチェーンとは何かに対する明確な定義がまだ存在していない状況ですが、コンピュータシステムとして見た場合、およそ次の特徴を持ったものをブロックチェーンを使ったシステムと考えることができると思います。

ブロックチェーン処理方式の特徴

1. ネットワーク上に複数の独立したホストマシンを分散して稼働させ、その各ホストマシーンに内に同一のデータベースを作成し、お互いにデータの同期を取りながら処理を行う。
2. データベースの形態は、データを時系列に常に書き足す形でのみ保管し、過去のデータほど改竄しにくい形にしている。

ブロックチェーンを使った処理方式の利点

それではブロックチェーンを使った処理方式にはどのような利点があるのでしょうか。

現在多くのシステムが単一のホストマシンとそのバックアップマシンという形で処理を行うようになっており、耐障害性を高めるために高いコストをかけていると考えられています。このシステムをブロックチェーンの特徴1のように分散したホストで実現すれば、それぞれのホストにかけるコストを抑えることができ、なおかつ耐障害性の高さも維持しつつ、結果として全体としてより安いコストでシステムが構築できる可能性がある、という利点が考えられます。

同じデータのコピーを持ったホストマシンがたくさんあれば、そのうちの何台かが稼働しなくなったとしても、全体として問題なくシステムは動き、そしてその時利用するホストマシンはそれほど高価なものである必要がないでしょう、というわけです。

データの処理に関しては、従来のように過去にデータが書き換えられたかどうかを意識しながら処理するのではなく、すべてが書き換えられていないデータとして処理する方がシンプルかつ簡単（つまり開発費が安い）で、信頼性があり、なおかつ処理スピードに関しても見劣りはしないのではないか、という利点が考えられます。

ただデータの処理に関しては、この書き足し方式では都合が悪い場合や、基本的にデータはどんどん蓄積される一方なので、扱うデータ量に制限が出てくるというデメリットもありますので、実現したい処理に対しての向き不向きは当然出てくるものと考えられます。

プライベートブロックチェーンの実証実験で確認していること

ざっくりとした話にはなってしまいますが、結局現在行われているプライベートブロックチェーンを使った実証実験というのは、やりたい業務がブロックチェーンの処理方式を生かせるものなのかどうなのか、それを確認していると考えられます。Hyperledgerプロジェクトが目指しているものも、このブロックチェーン処理方式の利点を活用した標準的な基盤を提供する、というものと考えられます。

つまりプライベートブロックチェーンのシステムは、パブリックなビットコインのブロックチェーンによりもたらされた、管理主体がいない堅牢性があるといった革新性とは切り話された、別次元の新たな処理方式のシステムとして実用性があるかどうかを検証しているわけです。

こういったプライベートブロックチェーンに対する報道において、この切り離しがうまくなされていない状況が見てとれるので、その点を注意して確認していただきたいと思います。

ブロックチェーンと真正性

ブロックチェーンを使えばインターネット上で第三者機関を介さないで真正性が証明できる、といったニュアンスの表現に出会ったことはないでしょうか。真正性があるとは、内容が正しく間違っていないことを意味しますが、この表現をそのまま信じると、何やら自分の資産をブロックチェーンに登録しておけば、その所有権が保証されるといった仕組みが作れるような錯覚を持ってしまうのではないかと思います。

これはもちろん誤解というもので、ブロックチェーンに記録されたデータは単に改竄に強いというだけで、そのデータが真実であるかどうかの保証を手放しでしてくれるわけではありません。ビットコインのトランザクションにはデータサイズに制限はありますが、自由にデータを書き込める場所を確保できる仕組みがありますが、真実でも嘘でも自由に書き込むことができます。

書き込まれた内容はブロックチェーンの仕組みによって改竄されにく形で各サーバーに保存されますが、例えば相続内容を含む遺言をブロックチェーンに記録した場合、遺言がどの時点で記録されたものなのかの証明はできますが、誰がその遺言を記録したかは証明できません。メッセージを埋め込んだだけでは、発言を行ったという事実だけが残り、その他の真正性は保証されないのです。内容の真正性が保証できるのは、ビットコインの数量や、取引の日時等、ブロックチェーン内で完結した情報のみです。

ビットコインは、ビットコインのブロックチェーン上でシステムで決められたルールに則って発行され、そしてその後のビットコインの流れは常にチェックされながらブロックチェーンに記録されます。なのでその数量をごまかすことができないのです。

ビットコインの数量の真正性が保証されるからと言って、その他の資産的な価値のある物の真正性も保証されるようになると考えるのは、飛躍しすぎと言えるのではないかと思います。まして、プライベートブロックチェーンを使うとなるとそもそもその管理主体を信用する必要があるので、第三者機関を介さないでとは言えなくなります。

第三者機関を介さない真正性の保証

対象	真正性
ビットコインブロックチェーン トランザクションのコイン数量	○
ビットコインブロックチェーン トランザクションの任意埋め込み情報	×
プライベートブロックチェーン の情報	×

おわりに

本書を手に取っていただいた方々に感謝いたします。そしてこの新しいテーマに一早く興味を示されたことに関して敬意を表したいと思います。

本書はブロックチェーンにフォーカスした本として企画されたのですが、いざどうやってわかり易く説明するかを考えたときに、やはりどうしてもブロックチェーンが生み出されたビットコインを出発点にするしかないのではないか、ということに思い至り、ビットコインについての情報も多く含まれています。そして今考えると、これは結果として良かったのではないかと思っています。

なぜなら、この本の執筆中にもビットコインや、その他 Ethereum や Ripple などの仮想通貨が大幅に値上がる状況が起きており、新たに多くの人の関心を引くようになってきているからです。

本書の内容は、こういった仮想通貨についてもっとよく知りたいという人のニーズにも、結果的には十分応えられる内容になっているのではないかと思っています。

ビットコインやその他の仮想通貨、そしてブロックチェーンを利用した新たなサービスが、今後の私たちの生活に今以上、どのように入り込んできて存在感を示すのか、それはまだわかりません。しかしながらそういう時期が必ずやってくるのではないかと思います。そして今後もこれらに関わるニュース等がいろいろなかたちで出てくるでしょう。そんな時本書で得た知識が役立ち、これらの情報を正しく理解するときの助けになってくれていれば、それがなにより嬉しいです。

著者代表 石黒尚久

索引
INDEX

か行

さ行

た行

な行

は行

ま行

や行

ら行

著者プロフィール

石黒尚久（いしぐろ たかひさ）

1959年愛知県生まれ、東京育ち。
株式会社ストーンシステム 代表取締役。
早稲田大学第一文学部哲学専攻卒業後、独立系ソフトウェアに就職しその後30歳の時に株式会社ストーンシステムを創立。根っからの技術者。
常に最新のソフトウェア技術に興味を持ち、今でもコードを書くプログラミング言語オタク。音楽好きでギターやベースを弾き、ビートルズ好きでたまにライブをやっている。一方、将棋はアマチュア五段の腕前。最近は「これからは卓球だ！」とか言っているものの、社内ではあまり賛同を得ていないさみしい社長。

河除光瑠（かわよけ ひかる）

1989年生まれ、富山県出身。
個人事業主としてウェブアプリケーション開発、翻訳業を経て、2014年に株式会社ストーンシステム入社。
サーバーサイド、フロントエンドエンジニアとして株·FX等の金融系システムの開発に携わり、2015年12月よりブロックチェーンを活用したプロジェクトに参画し始める。ビットコインのウォレットや付随する周辺サービス、Ethereum及びRootstockのスマートコントラクトを用いたアプリケーションの設計、開発に従事。

図解入門（ずかいにゅうもん）
最新（さいしん）ブロックチェーンがよ～くわかる本（ほん）

発行日 2017年 8月 1日 第1版第1刷

著 者 株式会社ストーンシステム（かぶしきがいしゃ）
石黒 尚久／河除 光瑠（いしぐろ たかひさ／かわよけ ひかる）

発行者 斉藤 和邦
発行所 株式会社 秀和システム
〒104-0045
東京都中央区築地2丁目1−17 陽光築地ビル4階
Tel 03-6264-3105（販売） Fax 03-6264-3094
印刷所 三松堂印刷株式会社 Printed in Japan

ISBN978 4-7980-5118-5 C3055

定価はカバーに表示してあります。
乱丁本・落丁本はお取りかえいたします。
本書に関するご質問については、ご質問の内容と住所、氏名、電話番号を明記のうえ、当社編集部宛FAXまたは書面にてお送りください。お電話によるご質問は受け付けておりませんのであらかじめご了承ください。